Rolf H. Ruhleder

Rhetorik & Dialektik

Rhetorik & Dialektik

Redegewandtheit
Körpersprache
Überzeugungskunst

von

Rolf H. Ruhleder

17. Auflage

Verlag Franz Vahlen München

Rolf H. Ruhleder ist einer der bekanntesten deutschen Rhetoriktrainer sowie Buchautor und gilt als Deutschlands härtester und teuerster Rhetoriktrainer (WirtschaftsWoche).

Ruhleder studierte Volks- und Betriebswirtschaftslehre in Frankfurt, Würzburg und Zürich. Er führt Seminare in den Bereichen Rhetorik, Körpersprache, Dialektik und Verkaufsrhetorik durch. Mehr als 500.000 Teilnehmer in über 3.500 Seminaren hat er geschult.

Er verfasste zahlreiche Fachbücher und Aufsätze zu verschiedenen Themen rund um Rhetorik, Dialektik, Überzeugung und Schlagfertigkeit. Ruhleder ist regelmäßig in TV-Sendungen und auf Live-Events zu sehen. Im November 2008 stand er zusammen mit Bill Clinton, Sabine Christiansen und Henry Maske vor mehr als 10.000 Zuschauern auf der Bühne des ISS Dome in Düsseldorf.

Rolf H. Ruhleder freut sich über Feedback und Anregungen:

Management Institut Ruhleder, Bismarckstraße 64,
38667 Bad Harzburg

www.ruhleder.de, info@ruhleder.de, Tel: 05322/96720

Die 17. Auflage ist vom Autor komplett durchgesehen und überarbeitet.

Das Buch erschien die ersten 14 Auflagen lang im vwt Verlag (Bad Harzburg) und ab 2002 in 15. und 16. Auflage als „Rhetorik, Kinesik, Dialektik" im VNR Verlag für die Deutsche Wirtschaft (Bonn).

ISBN 978 3 8006 5147 4

Satz: Fotosatz Buck
Zweikirchener Str. 7, 84036 Kumhausen
Druck und Bindung: Druckhaus Nomos
In den Lissen 12, 76547 Sinzheim
Umschlaggestaltung: Ralph Zimmermann – Bureau Parapluie
Bildnachweise: eigene Fotos des Autors
Gedruckt auf säurefreiem, alterungsbeständigem Papier
(hergestellt aus chlorfrei gebleichtem Zellstoff)

Vorwort

„Ein Dichter wird geboren, ein Redner wird gemacht." Eine altrömische Weisheit, die schon Cicero erkannt hat. Im 21. Jahrhundert gilt dies immer noch. Es gibt heute bewährte Methoden und Techniken, wie Sie souverän und sicher auftreten, wie Sie Ihren Gesprächspartner und Kunden mit Ihrer Überzeugungskraft gewinnen.

Mehr als 500.000 Personen durfte ich in über 30 Jahren in meinen Seminaren, Einzelschulungen und Großveranstaltungen schulen. Die zahlreichen Unternehmer, Geschäftsführer, Politiker und Führungskräfte aller Branchen haben mir gezeigt, wie leicht es ist, ein selbstsicherer und souveräner Redner zu werden. Das Handwerkszeug, das ich meinen Teilnehmern mitgeben konnte, hat sich vielfach bewährt. Die bestehenden Regeln konnten dank vieler Erfolgs- und Rückmeldungen immer weiter verfeinert werden.

Auch in den Bereichen Gesprächsführung und Körpersprache wurden meine Seminarteilnehmer immer erfolgreicher – das Resultat aus über 3.500 Rhetorik-Körpersprache-Dialektik-Veranstaltungen und Verkaufsrhetorik-Seminaren.

Alles, aber auch alles ist praxiserprobt und kann sofort umgesetzt werden. Dieses Werk – in der 17. Auflage und jetzt in der 1. Auflage im Verlag Franz Vahlen – gilt als erfolgreichstes Rhetorik-Buch der letzten 20 Jahre.

Heute möchte ich all meinen Teilnehmern danken, die mir Tipps und Hinweise gegeben sowie ihre eigenen Erfahrungen mitgeteilt haben. Nur so war und ist der starke Praxisbezug dieses Buches möglich. Ich habe mich gefreut, wie viele Teilnehmer mir persönlich zur Seite gestanden sowie am Seminar „Rhetorik und Körpersprache" und den nachfolgenden Seminarstufen teilgenommen haben.

Lassen Sie uns gemeinsam auf eine spannende Reise gehen. Ich würde mich sehr freuen, wenn Sie viele neue Erkenntnisse für Ihre Praxis mitnehmen.

Für Anregungen, Tipps und Ratschläge bin ich Ihnen dankbar.

Viel Spaß beim Lesen!

Ihr Rolf H. Ruhleder

Rhetorik und Dialektik ist nicht alles, aber ohne dies ist alles nichts.

Aphorismen – Zitate – Geflügelte Worte

Keiner kann zu viel wissen, aber jeder zu viel reden.

Wer viel redet, erfährt wenig.

Man sage immer die Wahrheit, aber man sage die Wahrheit nicht immer.

Jedes überflüssige Wort wirkt seinem Zweck gerad' entgegen. *(Schopenhauer)*

Wer viel schießt, ist noch kein Schütze, wer viel spricht, ist noch kein Redner. *(Konfuzius)*

Sprachkürze gibt Denkweite. *(Jean Paul)*

Wenn ich nachdenke, was eigentlich die Grundlage der Führung sein muss, dann ist es die Fähigkeit zum Gespräch. *(Wolfgang Habbel)*

Ein Gedanke, der sich nicht kurz fassen lässt, verdient nicht, ausgesprochen zu werden. *(Anonym)*

Die größte Macht hat das richtige Wort zur richtigen Zeit. *(Mark Twain)*

Nebensätze sind Nebelsätze. *(Rolf H. Ruhleder)*

Das Schwierige an Diskussionen ist nicht, den eigenen Standpunkt zu verteidigen, sondern ihn zu kennen. *(André Maurois)*

Die Sprache ist die Kleidung der Gedanken. *(Samuel Johnson)*

Tritt frisch auf, tu's Maul auf, hör bald auf. *(Martin Luther)*

Der schnellste Weg zur Popularität ist, dem anderen sein Ohr, anstatt seine Zunge zu leihen. *(Johann-Peter Holzner)*

Vom Schweigen schmerzt die Zunge nicht. *(Lao-Tse)*

Es sind schon mehr Menschen über ihre Zunge als über ihre Füße gestolpert. *(tunesische Weisheit)*

Man brauche gewöhnliche Worte und sage ungewöhnliche Dinge. *(Schopenhauer)*

Die Rede ist die Kunst, Glauben zu erwecken. *(Aristoteles)*

Wer seinen Willen durchsetzen will, muss leise sprechen. *(Jean Giraudoux)*

Rhetorik ist deshalb ein Problem, weil es schwierig ist, gleichzeitig zu reden und zu denken. Politiker entscheiden sich meistens für eines von beiden. *(Mark Twain)*

Zum Reden sind wir geboren wie der Manager zum Führen, der Pfarrer zur Seelsorge, der Arzt zum Heilen und der General zum Befehlen. *(Quelle unbekannt)*

Worte sind Luft, aber die Luft wird zu Wind und macht die Schiffe segeln. *(Arthur Koestler)*

Um eine gute Stegreifrede zu halten, brauche ich drei Tage Vorbereitungszeit. *(Mark Twain)*

Schlagfertig ist jede Antwort, die so klug ist, dass der Zuhörer wünscht, er hätte sie gegeben. Lassen Sie den anderen ausreden und er verwickelt sich in Widersprüche. *(Elbert Hubbard)*

Jede Sprache ist Bildersprache. *(Wilhelm Busch)*

Inhaltsverzeichnis

Rhetorik

I. Begriffsklärung

Die Geschichte der Rhetorik ist nahezu 2.500 Jahre (Wikipedia) alt: 427 v. Chr. kam Gorgias, der erste historisch erwähnte Rhetor (Redelehrer), nach Athen. Bekannte Rhetoren waren Sokrates, Platon, Aristoteles, Cicero, Quintilian, Seneca und Plutarch. Allen Rhetoren wurde in den nachfolgenden Jahrhunderten große Anerkennung entgegengebracht. So wurden zum Beispiel im 2. Jahrhundert n. Chr. sämtliche Rhetoren – neben den Ärzten – vom Kriegsdienst befreit. In den Stellenplänen römischer Provinzhauptstädte waren zehn Ärzte, fünf Grammatiker und fünf Rhetoren vorgesehen. Im Mittelalter zählte die Rhetorik zu den sieben freien Künsten (artes liberales): Es gab drei Sprachkünste (Grammatik, Rhetorik und Dialektik) sowie vier mathematische Künste (Arithmetik, Geometrie, Musik und Astronomie).

Rhetorik ist heute gleichzusetzen mit „der Kunst zu reden". Wenn von „rhetorischer Kunst" gesprochen wird, ist dies jedoch nicht wörtlich zu verstehen – Rhetorik ist eine Fähigkeit, die erlernt werden kann und beherrscht werden will. Mit „Phrasenhaftigkeit" hat sie allerdings nichts zu tun, obwohl so etwas sogar z. T. in Lexika zu finden ist.

Rhetorik als „Redegewandtheit" oder als die „Lehre von den Grundbedingungen und Grundsätzen einer Rede" zu definieren, ist ebenfalls richtig und zutreffend. Rhetorik wird übrigens nur an einer einzigen deutschen Universität als Fach gelehrt: an der Eberhard-Karls-Universität in Tübingen. 25 Jahre (1963–1988) hatte hier der bekannteste Rhetorik-Theoretiker Prof. Walter Jens den Lehrstuhl inne.

II. Psychologie und Kommunikation

1. Psychologische Grundlagen

Es ist wichtig zu wissen, dass im Mittelpunkt aller unserer Bemühungen immer wieder der Mensch – der Gesprächspartner – steht. Auch der Geschäftsführer, Verkäufer oder Verkaufsleiter z. B. sollte sich immer wieder vor Augen führen, dass nicht nur das Produkt und der Preis ausschlaggebend sind, sondern letztlich der Mensch entscheidet, ob die Firma X oder Y bevorzugt wird.

Warum das „Ich" durch ein verbindliches „Wir" oder besser durch ein „Sie" ersetzt werden sollte, damit werden wir uns noch an anderer Stelle ausführlich beschäftigen (siehe Kap. „Denke ich an den ‚Sie-Standpunkt'?").

Zwei Dinge sind wichtig für das vorliegende Buch:

- Wir müssen uns mit der Psyche des Menschen beschäftigen und
- wir müssen wissen, dass ein großer Unterschied zwischen dem besteht, was wir sagen – z. B. in einem Vortrag oder in einer Diskussion – und dem, was unsere Zuhörer und Gesprächspartner damit verbinden und tatsächlich verstehen.

„Der Verstand und die Wünsche des Menschen liegen im Unterbewusstsein." Richtig oder falsch? Falsch: Nur die Wünsche des Menschen liegen im Unterbewusstsein.

Eine beliebte Frage, die sehr oft gestellt wird und die – sehr oft – auch falsch beantwortet wird. Auch für unsere Ausführungen ist es notwendig und interessant, einmal – leicht abgeänderte Gedankengänge des wohl bekanntesten Psychoanalytikers Freud und seines Schülers Jung zu hören.

Wir wollen ein Gespräch führen, eine Rede halten. Was sprechen wir an? Ausschließlich den Verstand? Hier hilft uns die nachfolgende „Eisberg-Theorie"[1].

---

[1] In Anlehnung an Sigmund Freud; nur ⅕ bis ⅐ der gesamten Eismasse ragt über das Wasser hinaus.

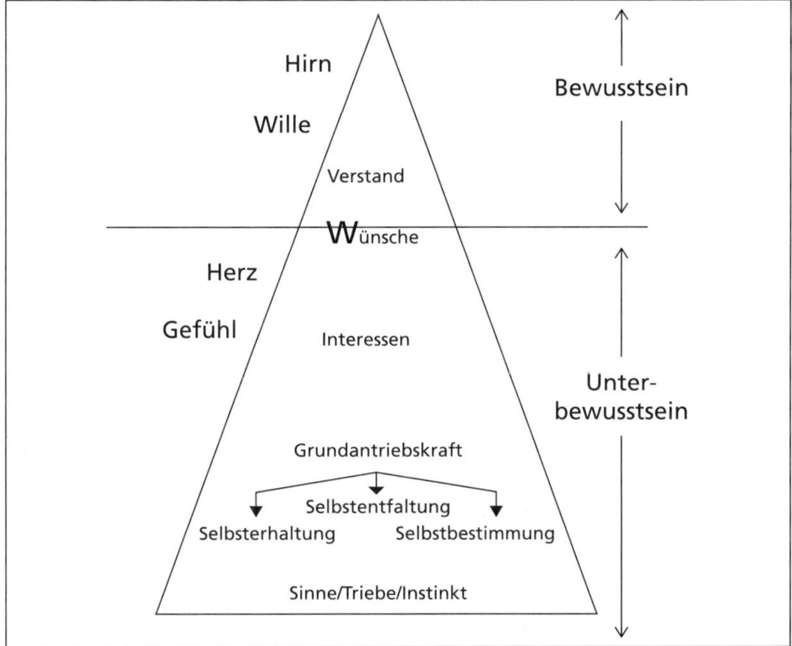

Betrachten Sie diese Pyramide genau. Sind Sie sicher, dass es in Zukunft ausreicht, den kleinen Teil des Verstands anzusprechen (Ausnahme: Fachvortrag)?

Nur ein sehr geringer Teil unserer Wünsche liegt also im Verstandesbereich. Sprechen Sie deshalb die Gefühle des Partners an. Erkennen Sie, dass die Wünsche und Interessen im Unterbewusstsein schlummern, und nutzen Sie dies für Ihre Zwecke.

2. Der Kommunikationsvorgang

Ein Kommunikationsspiel

(Teilnehmerzahl: mindestens 10 Personen)

Zuerst werden 5 Personen vor den Raum gebeten. Danach wird einem weiteren Teilnehmer ein Bild (z. B. „Picknick auf einer Waldlichtung", s. Abb.) gezeigt. Er erzählt einem anderen Teilnehmer, was er auf dem Bild sieht.

Das Bild wird danach nicht mehr gezeigt, sondern zur Seite gelegt. Der zuhörende Teilnehmer wird nun gebeten, das, was er vom ersten Teilnehmer gehört hat, an die nächste Person, die in den Raum hereingerufen wird, weiterzugeben. Diese wiederum gibt das Gehörte an den nächsten, der hereingerufen wird, weiter usw.

Hier das Ergebnis eines solchen Kommunikationsspiels während einer Seminarveranstaltung in Bad Harzburg:

Anwesend waren 12 Führungskräfte (7 Mitspieler und 5 Beobachter). Fünf Personen wurden vor die Tür gebeten (ein Vorstandsmitglied, eine Wirtschaftsprüferin, zwei Geschäftsführer, ein Marketingleiter). Zwei weitere Teilnehmer (Bankdirektor, Handelsvertreter) wurden vor die beobachtende Gruppe gebeten.

Teilnehmer 1 sieht sich das Bild an und beschreibt es so:

„Wir sehen einen runden Tisch – sehr rustikal –, daran sitzen sechs Personen, alle weiblichen Geschlechts, und eine männliche Person im Hintergrund, die einen Holzklotz über den Kopf hält. Der Kopf des Mannes ist nicht zu sehen. Das Bild schneidet den Kopf ab.

Das Ganze spielt sich im Wald ab, Bäume sind zu sehen. Auf dem Baumstumpf, der als Tisch dient, befinden sich Biergläser, halb gefüllt ... und ein bisschen Salat. Die Damen sind im Durchschnitt etwa 30 Jahre alt. Der Mann ist nur mit dem Oberkörper zu sehen und trägt ein rot kariertes Hemd. Die ganze Situation spielt im Sommer, wahrscheinlich um die Mittagszeit. Ja, deshalb sind die Damen auch alle wegen der Wärme sommerlich-luftig angezogen. Es sind drei Schwarzhaarige, zwei Brünette und eine Rothaarige."

Teilnehmer 2 hört die Informationen von Teilnehmer 1 und gibt sein Wissen an Teilnehmer 3 weiter: „Sie sehen hier ein Bild – einen runden Tisch im Wald. An diesem Tisch sitzen sechs Frauen – in leichter Sommerkleidung. Die Sonne scheint direkt auf den Tisch. Im Hintergrund ein Mann, der eine Tonne schwingt und ein rot kariertes Hemd anhat. Auf dem Tisch stehen Biergläser; die Frauen scheinen im Durchschnitt 30 Jahre alt zu sein. Die Grillzange nicht zu vergessen; anscheinend handelt es sich um ein Grillessen mit Gurken und Tomaten. Das Ganze spielt sich im Wald ab und – wie gesagt – Sonne." Die Damen haben folgende Haarfarben: dreimal schwarz, zweimal brünett und einmal rot.

Teilnehmer 3: „Sie sehen hier ein Bild. Da sitzen an einem runden Tisch sechs Damen in leichten Sommerkleidern. Auf dem Tisch liegen Utensilien zum Essen, es stehen Biergläser da. Im Hintergrund ist ein Mann, der schwingt eine Tonne. An der Seite aufgestellt ein Grillapparat. Es ist im Wald, Sonnenschein ... und die Damen haben ein Durchschnittsalter von 30 Jahren. Drei Schwarzhaarige, zwei Brünette, eine Rothaarige."

Teilnehmer 4: „Wir sehen ein Bild, auf dem ein runder Tisch dargestellt ist. An dem runden Tisch sitzen Damen mittleren Alters, leicht sommerlich bekleidet. Drei sind schwarzhaarig, zwei sind blond und eine brünett. Darauf stehen Gläser mit Trinkbarem und Gebäck. Im Hintergrund schwingt einer eine Trommel, dann steht da ein Grill; aber es fehlt an ausreichendem Grillmaterial. Es ist ein Wald ringsum, es ist schönes Wetter – die Sonne scheint."

Teilnehmer 5: „Es ist sommerliches Wetter. Wir sehen einen Wald und eine kleine Gesellschaft, Damen und Herren, die an einem runden Tisch sitzen mit etwas Trinkbarem. Die Damen sind aufgrund der Wärme sehr leicht gekleidet. Drei Blonde, zwei Schwarzhaarige, eine Brünette. Es soll gegrillt werden. Allerdings fehlt entsprechendes Grillmaterial."

Teilnehmer 6: „Wir sehen eine sommerliche Landschaft. Es sitzen um einen Tisch einige Damen und Herren, die sommerlich bekleidet sind. Vor ihnen auf dem Tisch steht etwas zu trinken. Offensichtlich soll dann auch noch eine Grillparty stattfinden. Aber das entsprechende Handwerkszeug fehlt."

Teilnehmer 7: „Also, im Sommer sitzen sechs Frauen an einem runden Tisch. Drei Blonde, zwei Brünette und eine Schwarzhaarige trinken zusammen etwas. Die wollen so ne Grillparty veranstalten ... Es fehlt das nötige Werkzeug dafür."

! Das Gedächtnis des Menschen ist eine Kombination von Protokoll und Märchenbuch.

Was können wir aus dieser Kommunikationsübung für die Rhetorik lernen?

Bei jeder Rede ist zu beachten:

1. Das Gedächtnis der Zuhörer ist nicht gleich belastbar, und der Wissensstand der Zuhörer ist meist sehr unterschiedlich.

   Konsequenz: Wir müssen uns auf **alle** Zuhörer einstellen und dürfen uns bei einem Vortrag nicht nach dem „Aufnahmefähigsten" richten. Wir sollten uns weder am stärksten noch am schwächsten Zuhörer orientieren.

2. Die Wunschvorstellungen des Zuhörers fließen in jede Rede, in jedes Gespräch ein. Was für den einen ein uralter Schrank ist, kann für den anderen ein antikes wertvolles Möbelstück sein. Die Zuhörer wollen oft nur das hören, was in ihre Vorstellungswelt passt.

   Konsequenz: Achten wir auf Bewertungen in unseren Reden. Es ist angebracht, auf übertrieben positive oder übertrieben negative Aussagen zu verzichten (Ausnahmen bestätigen nur die Regel). Es ist nicht möglich, die eigenen persönlichen Vorlieben und Vorstellungen in den Gesprächspartner hineinzuprojizieren.

3. Neben dem Gedächtnis spielt die Aufnahmebereitschaft und -fähigkeit eine entscheidende Rolle. Nur wenn ausreichendes Interesse an der vorgetragenen Thematik vorhanden ist, wird eine entsprechende Resonanz zu erwarten sein.

   Konsequenz: Überfordern Sie Ihre Zuhörer nicht – auch nicht zeitlich. Versuchen Sie, das Interesse aller zu wecken. Gehen Sie nicht davon aus, dass auch nur 70 Prozent Ihres Vortrags behalten werden können.

4. Der Beginn und das Ende der Ausführungen des Vorredners werden – wenn auch verzerrt – noch weitergegeben.

   Konsequenz: Wichtige Ausführungen sind – besonders bei Diskussionen und Debatten (Wecken des Zuhörers) – an den Beginn und an das Ende zu stellen.

5. Nebensächliche (nicht logische) Informationen werden vom Zuhörer als besonders wichtig empfunden.

   Konsequenz: Wir müssen (wie unter 2.) immer mit einer Änderung der eigenen Aussage durch den Zuhörer rechnen.

6. Das Zuhörenmüssen – eine für einige unfreiwillige Situation – kann zu Spannungen führen.

   Konsequenz: Bei jeder Rede wird also immer ein gewisses Spannungsfeld vorhanden sein. Versuchen wir, dies – am besten mit Humor – abzubauen, bevor wir zum eigentlichen Sachthema kommen.

7. Das oben angeführte Kommunikationsspiel ist ein typisches Beispiel für das Entstehen von Gerüchten im Unternehmen.

   Konsequenz: Chef wie Mitarbeiter müssen sich bemühen, den ursprünglichen Informationsgeber zu ermitteln. Wir sollten sämtlichen Aussagen in Zukunft kritischer gegenüberstehen.

Weitere Ergebnisse:

8. Maximal vier bis fünf Informationen weitergeben.
9. Öfter Fragen stellen. Fragen bleiben länger haften, da Missverständnisse geklärt und die Aussage wiederholt wird.

Der Ablauf der Kommunikation

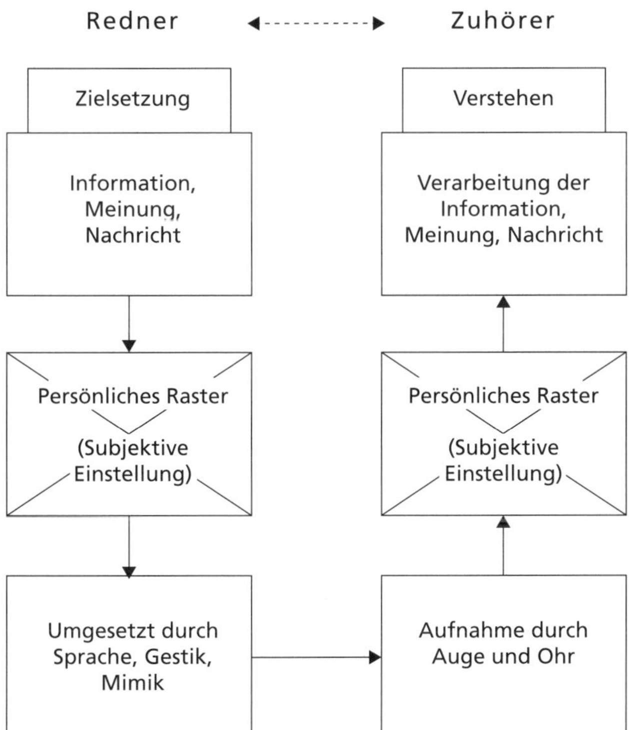

> Es ist unmöglich, **nicht** zu kommunizieren. Auch Schweigen besitzt eine starke Aussagekraft („beredtes Schweigen"). Nach Albert Mehrabian[2] macht der Inhalt und Gehalt einer Rede lediglich 7 Prozent aus. 38 Prozent werden durch Stimme und Stimmlage festgelegt und 55 Prozent der Aussage bestimmt die Mimik. (Im englischen Original: Total feeling = 7 % verbal liking/feeling + 38 % vocal liking/feeling + 55 % facial liking/feeling.)

Als Ergebnis von über 4.000 Seminaren und mehr als 500.000 Teilnehmern kann ich diese Werte nur bestätigen. In den 55 Prozent (facial liking) sind Mimik und zusätzlich Körperhaltung und Gestik eingeschlossen.

3. Das Kommunikationsspiel

Kommunikationsspiel

Teilnehmerzahl: mindestens 10 Personen

(z. B. 7 Mitspieler und 3 Beobachter)

5 Mitspieler (C, D, E, F, G) verlassen den Raum, 2 Mitspieler (A, B) werden nach vorn gebeten.

A erhält ein Bild zur Ansicht, das er beschreibt.

Die Bildbeschreibung sollte möglichst viele Details (10 bis 12 Fakten) enthalten (Zeit: ca. ½ bis 3 Minuten).

B muss danach diese Angaben möglichst vollständig – aus dem Gedächtnis – an den nächsten Mitspieler (C), der hereingerufen wird, weitergeben. C gibt dann sein Restwissen an den nächsten hereingerufenen Mitspieler D weiter. Dies wiederholt sich, bis auch der letzte Mitspieler – G – die „Bildbeschreibung" von F gehört hat.

G wiederholt nochmals das, was er gehört hat. Danach darf er das ursprünglich beschriebene Bild sehen.

Viel Spaß!

[2] Quelle: Silent Messages, Kapitel 3

Arbeitsbogen zum Kommunikationsspiel (Muster)

A gibt B folgende Beschreibung:
(Notieren Sie bitte mindestens 10 Einzelheiten)

____

____

____

____

B gibt an C:

____

____

____

____

Zusätzliche Details	Entfallene Details
1. ____________	1. ____________
2. ____________	2. ____________
3. ____________	3. ____________
4. ____________	4. ____________
5. ____________	5. ____________

Der Letzte gibt noch folgende Bildbeschreibung:

____

____

____

____

____

____

____

____

III. Grundlagen der Rhetorik

1. So halten Sie einen guten Vortrag – 12 Tipps zur Vorbereitung

Es gibt wohl kaum jemanden, der nicht nervös wird, wenn er plötzlich einen Vortrag zu halten hat. Eine gute Vorbereitung hilft Ihnen jedoch, das Lampenfieber entscheidend zu reduzieren. Nachfolgend finden Sie zwölf Ratschläge, die der Autor mit seinen Seminarteilnehmern im Rahmen seiner Rhetorik-Seminare erarbeitet hat:

1. Wie ist mein genaues Thema?

Schon mancher Redner, der sich „perfekt" vorbereitet hatte, musste sich nachher harte Kritik gefallen lassen: Er hatte am Thema vorbeigeredet.

Überlegen Sie sich genau:

- Was muss ich sagen?
- Was darf ich sagen (wenn noch Zeit bleibt)?

Sprechen und diskutieren Sie darüber mit Geschäftskollegen und Freunden.

2. Wer oder was hat mich veranlasst zu sprechen?

Es ist natürlich ein großer Unterschied, ob Sie aus freien Stücken, aufgrund einer Bitte oder „gezwungenermaßen" sprechen. Wichtig ist, dass Ihre Zuhörer auf jeden Fall das Gefühl haben, dass Sie das Thema gern und engagiert vertreten.

Jeder sollte auch nur über das Gebiet reden, das er beherrscht. Wer sich trotzdem „aufs Glatteis" begibt, kann vom sachkundigen Publikum „auseinandergenommen" werden. Er wird diesen Fehler bestimmt nur einmal machen!

3. Welche Redeform wähle ich?

Eine Informationsrede muss anders vorgetragen werden als eine Überzeugungsrede (Was sind die Ziele unserer Werbung?). Bei der dritten Redeform, der Gelegenheitsrede (Jubiläumsansprache/Hochzeitsrede) ist zu berücksichtigen, dass keine negativen Äußerungen/keine Kritik einfließen.

4. Was ist mein Redeziel?

Vor jeder Rede müssen Sie festlegen, was Sie erreichen sollen. Was sollen die Teilnehmer mitnehmen? Man spricht hier von der Festlegung des Ziel- und Zwecksatzes, der sich wie ein roter Faden durch Ihren Vortrag zieht.

✎ Halten Sie einen Vortrag über die „Arbeit unseres Vereins", dann kann das Ziel sein: Werdet Mitglied in dieser Organisation! Entsprechend muss der Vortrag aufgebaut werden.

5. Vor wem spreche ich?

- Ist Ihnen der Zuhörerkreis bekannt oder unbekannt?
- Handelt es sich um älteres oder jüngeres Publikum?
- Sind beide Geschlechter vertreten?
- Sprechen Sie vor Fachleuten oder Laien? (Sind beide Gruppen anwesend, so sprechen Sie zuerst die Nicht-Fachleute an.)

6. Inwieweit ist die Thematik schon bekannt?

Wenn Sie Laien vor sich haben, ist es immer leichter, über ein Thema zu sprechen. Das Fachpublikum dagegen fordert von Ihnen mit Recht eine tiefer gehende Behandlung. Bei „gemischtem" Zuhörerkreis richten Sie Ihren Vortrag weder nur nach den unwissenden Laien noch ausschließlich nach dem Fachmann aus. Versuchen Sie ein Maß zu finden, das allen Zuhörern gerecht wird.

7. Welche Zeit steht mir zur Verfügung?

Ihre Zuhörer werden es Ihnen danken, wenn Sie auf keinen Fall über die vorgegebene Zeit hinaus sprechen.

Ab 20 Minuten sollten Sie ein „schlechtes Gewissen" bekommen. Ab 45 Minuten können Sie sehr oft nur noch durch Pausen gewinnen. Natürlich gibt es Redner, die nach einer Stunde noch ein begeistertes Publikum haben. Wir sollten uns jedoch nicht an dieser Ausnahmeerscheinung orientieren.

8. Habe ich einen Vorredner?

Stimmen Sie sich unbedingt mit einem Vorredner ab. Falls er Sie vorstellen soll, so sprechen Sie mit ihm darüber, dass nicht zu viel Lob („Vorschusslorbeeren") verteilt wird. Auch sollte eine Einführung Ihrer Person kurz sein (möglichst nicht mehr als 150 Wörter). Ein Zuviel führt zu Abneigung und Widerspruch.

9. Ist mit Störungen/Zwischenrufen zu rechnen?

Kalkulieren Sie immer die Möglichkeit ein, dass Sie durch Störungen oder Zwischenrufe unterbrochen werden. Wenn Sie Ihren Zuhörerkreis einschätzen (Punkt 5), wissen Sie zumeist auch, ob Widerspruch aufkommen wird.

Werden Sie dann auf keinen Fall ausfällig, sondern bewahren Sie Ruhe.

10. Wie groß ist mein Zuhörerkreis?

Je größer die Gruppe, umso stärker ist zumeist das Lampenfieber ausgeprägt. Gleichzeitig muss bei einer größeren Gruppe das Niveau Ihres Vortrags etwas niedriger angesetzt werden, da die Zusammensetzung der Gruppe bei zunehmender Größe heterogener wird.

11. Bin ich auf eine etwaige Diskussion am Ende der Rede vorbereitet?

Sie können gebeten werden, bestimmte Ausführungen Ihrer Rede zu wiederholen („zu präzisieren"). Schauen Sie ruhig auf Ihren Stichwortzettel, bevor Sie antworten. Langes Herumsuchen ist selbstverständlich nicht möglich. Wenn Sie Zitate ohne Quellenangaben gebracht haben, so stellen Sie sich darauf ein, dass Sie nach dem Namen gefragt werden. Für die Diskussion sollten Sie die Grundregeln der Dialektik – der Kunst zu überzeugen – beherrschen (siehe Kapitel „Dialektik").

12. Findet das Thema Interesse oder handelt es sich um eine Pflichtveranstaltung?

Es ist hilfreich zu wissen, ob die Zuhörer freiwillig gekommen sind oder ob sie sich in irgendeiner Form verpflichtet fühlen. Oder – was für den Redner sehr schwierig ist – blieb ihnen keine andere Wahl, als zu erscheinen? Beim „Zwang zum Zuhören" werden Sie kaum Interesse, dafür viel Opposition erzielen. Die Zuhörer, die gern kommen, können wir am leichtesten begeistern, aber auch der Kreis, der sich aus Höflichkeit verpflichtet fühlt zu erscheinen, kann noch erreicht werden.

Welcher dieser zwölf Tipps ist für Ihren Vortrag besonders beachtenswert? Prüfen Sie alle. Wenn Sie nur zwei zusätzlich berücksichtigen konnten, so hat sich das Durchlesen dieser Ratschläge schon gelohnt.

2. Einige technische, für den Erfolg nicht unwesentliche Dinge

1. Mit wie vielen Zuhörern kann ich rechnen?

Die Anzahl der Sitzplätze möglichst genau an die Zahl der zu erwartenden Zuhörer anpassen. Weitere Sitzgelegenheiten nur in Reserve halten. Bei nicht zu bestimmender Zuhörerzahl empfiehlt es sich, vorab die letzten Reihen zu blockieren. Es entsteht Unmut, wenn Sie die Zuhörer bitten müssen, in die vorderen Reihen zu kommen.

2. Ist eine bestimmte Reihenfolge bei der Begrüßung der Zuhörer zu beachten?

Fertigen Sie vor Ihrer Rede unbedingt eine Liste der „Rangfolge" an. Nehmen Sie möglichst auch Blickkontakt mit den speziell angesprochenen Zuhörern auf.

3. Welche audiovisuellen Hilfsmittel (Laptop, Beamer, Flipchart etc.) kann ich einsetzen?

Der Einsatz audiovisueller Hilfsmittel erleichtert jede Rede und gibt Ihnen größere Sicherheit. Schließlich ist auch der Erinnerungswert entschieden höher, wenn Ihr Vortrag durch Bilder, Zeichnungen und Texte untermauert wird.

4. Stimmen die Lichtverhältnisse?

Die Zuhörer sollten nicht gegen das Licht schauen müssen. Um Ablenkungen zu vermeiden, empfiehlt es sich, die Vorhänge zuzuziehen.

5. Ist genug Sauerstoff im Vortragsraum?

Berücksichtigen Sie den erhöhten Sauerstoffverbrauch. Lassen Sie unbedingt vor Ihrer Rede noch einmal durchlüften. Überlegen Sie, ob Sie während des Vortrags Pausen einlegen und frische Luft in den Raum lassen.

6. Entspricht das Vortragspult den Erfordernissen?

(s. auch folgenden Abschnitt)

Auch wenn zwischenzeitlich immer mehr ohne Pult gesprochen wird, ist bei besonders großen und wichtigen Vorträgen das Pult gefordert. Es sollte weder zu hoch noch zu niedrig sein. Ist eine Lampe angebracht, so prüfen Sie vorher, ob diese funktioniert. Die gesamte Vorderfront des Vortragspults sollte abgedeckt sein. Oder sind Sie sicher, dass Sie Ihre Füße immer unter Kontrolle haben? Wie wirkt es zum Beispiel auf die Zuhörer, wenn Sie plötzlich die Füße – aus Nervosität – über Kreuz stellen? Ich selbst benutze das Vortragspult nur zur Ablage meiner Stichwortzettel (Karteikarten) sowie eines Buches, aus dem ich gegen Ende zitiere.

Sprechen Sie ohne Pult, so ist zu beachten, dass Sie am Anfang Ihrer Rede nicht schnell hin- und hergehen, sondern erst einmal ein bis zwei Minuten „standhaft" in der Mitte der „Bühne" verweilen. Danach können Sie mit langsamen Schritten nach rechts und links gehen. Auch das Schlusswort sollte dann aus mittlerer Position gesprochen werden.

7. Ist das Mikrofon intakt?

Prüfen Sie vor Ihrer Rede, ob das Mikrofon funktioniert. Die Lautstärke muss dem Raum angepasst werden. Denken Sie daran: Das Mikrofon überträgt jedes Rascheln mit Ihren Unterlagen. Achten Sie darauf, dass Sie nicht durch ein zu niedrig oder zu hoch angebrachtes Mikrofon eine unnatürliche Körperhaltung einnehmen müssen. Auch Ihre Gestik wird darunter leiden. Bei besonders lebendigen Vorträgen empfiehlt sich ein Knopfmikrofon oder ein Headset.

3. Entspricht das Vortragspult den Erfordernissen?

Vor jeder Rede sollten Sie sich mit Ihrer Umgebung vertraut machen. Das gilt auch für das Rednerpult. Es ist wichtig, dass Sie sich wohlfühlen. Ihr Gefühl wird sich dann auf Ihre Zuhörer übertragen.

Sehen Sie das Rednerpult nicht als Ihren Gegner an. Es ist doch viel eher Ihr „Freund und Helfer". Ein Rednerpult gibt Ihnen in jedem Fall Sicherheit – auch dann, wenn Sie keinen Platz brauchen, um Ihre Unterlagen abzulegen. Es ist ein fester Punkt, an den Sie sich halten können. Aber nehmen Sie das bitte nicht wörtlich: Keinesfalls sollten Sie sich mit Ihrem ganzen Gewicht auf das Pult stützen, Sie können lediglich von Zeit zu Zeit eine Hand leicht auflegen.

- Ein ideales Rednerpult ist je nach Größe des Redners verstellbar. Natürlich treffen Sie den Idealfall recht selten an. Machen Sie sich die Mühe, das Pult – so gut es geht – Ihren Erfordernissen anzupassen. Lassen Sie sich von ihm nicht in eine unschöne oder unbequeme Haltung zwingen. Es sollte nicht zu hoch und nicht zu niedrig sein. Wenn Sie ständig den Kopf senken müssen, um auf Ihr Manuskript zu schauen, haben Sie einem konstanten Druck auf den Kehlkopf standzuhalten. In diesem Fall ist es sicher besser, das Blatt in die Hand zu nehmen. Auch sollte der Winkel zwischen Ihrem Manuskript und dem Blickkontakt mit Ihren Zuhörern nicht zu groß sein, da Sie auch dann ständig den Kopf heben und senken müssen. Treten Sie gegebenenfalls einen Schritt zurück, jedoch nur so weit, dass Sie Ihr Manuskript noch ohne Schwierigkeiten lesen können.

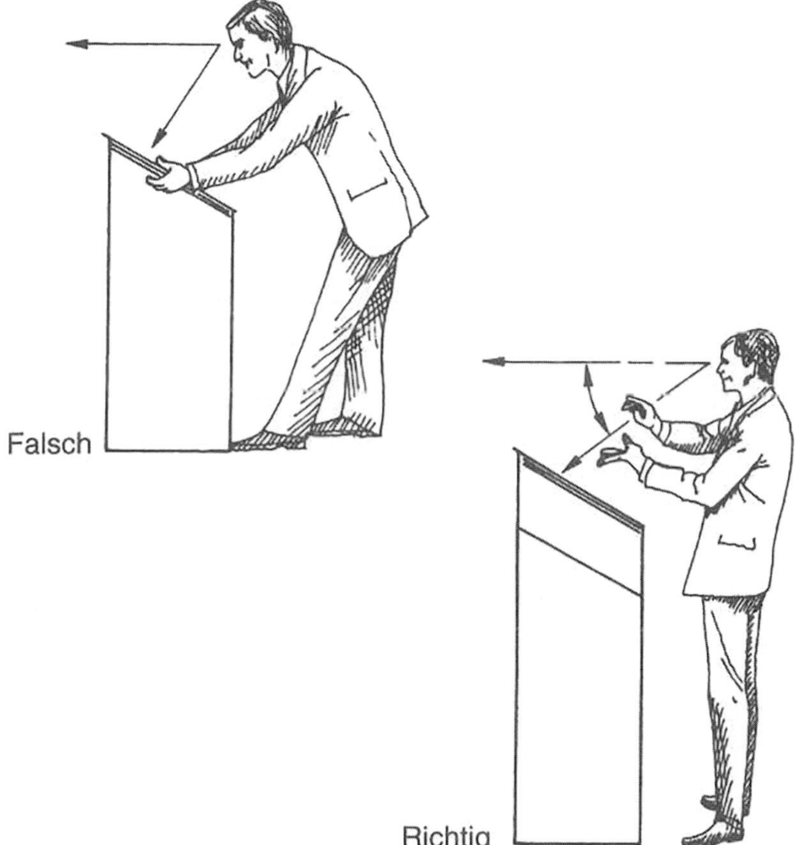

- Achten Sie darauf, dass die gesamte Vorderfläche des Pultes bis zum Boden abgedeckt ist. Es sieht unschön aus, wenn Ihre Zuhörer nur einen Teil des Oberkörpers und viel weiter unten die Füße sehen. Verkleiden Sie das Pult eventuell mit einem Tuch. Eine geschlossene Vorderfront ist besonders wichtig, wenn der Redner keinen ruhigen Stand hat.
- Ein Rednerpult sollte fest und sicher stehen. Eine schräge Auflagefläche sorgt dafür, dass Sie ohne Mühe zwischendurch einen Blick auf Ihr Manuskript werfen können. Allerdings sollte in diesem Fall unten eine „Fangleiste" angebracht sein. Denn was wird aus Ihrer wirkungsvollen Gestik, wenn Sie ständig Ihre Blätter – mit beiden Händen – festhalten müssen?
- Eine Lampe am Pult gilt es ebenfalls vorher auszuprobieren und auf die richtige Höhe einzustellen. Achten Sie auch darauf, dass das Licht den Teilnehmern nicht in das Gesicht strahlt. Vielleicht sind Sie dann nur noch als Umriss am Stehpult zu erkennen.
- Die Kabel für technische Hilfsmittel müssen so verlegt sein, dass Sie auf Ihrem Weg zum Rednerpult nicht darüber stolpern.
- Wenn Sie ein Wasserglas auf dem Pult abstellen wollen, bitte auch hier den sicheren Stand prüfen. Es dient Ihnen bei einem trockenen Hals und auch beim etwaigen Blackout als Hilfe.
- Es kann auch recht wirkungsvoll sein, einmal neben das Pult zu treten … jedoch nur, wenn kein Pultmikrofon verwendet wird und Ihnen ein Ansteckmikrofon und Headset zur Verfügung steht. Sie demonstrieren damit Selbstsicherheit und zeigen, dass Sie auch ohne Manuskript auskommen. Natürlich ist auch hier das rechte Maß Bedingung, denn keinesfalls dürfen Sie wie ein gefangenes Tier hin- und herlaufen. Und verzichten Sie auch auf den Standortwechsel, wenn Sie nicht erheblich höher stehen als Ihr Publikum. Denn sonst haben Ihre Zuhörer Sie nicht mehr dauernd im Blickfeld und müssen sich ständig eine Lücke zwischen den vor Ihnen Sitzenden suchen.
- Der Boden sollte einen sicheren Stand bieten und die Bodenbeschaffenheit („knarrende Dielen") sollten Sie vorher prüfen.

- Falls Sie eine Lesebrille tragen – setzen Sie sie während Ihres Vortrages nicht ab. Denn das Auf- und Absetzen vermittelt Ihrem Publikum den Eindruck, dass Sie sich nicht vom Manuskript lösen können. Die Zuhörer merken es nicht, wenn Sie ein wenig undeutlich sehen. Setzen Sie Ihre Lese- oder Gleitsichtbrille schon vor Ihrer Rede auf. Natürlich nur dann, wenn sie nicht so stark ist, dass Sie den Weg zu Ihrem Platz ertasten müssen.

Berücksichtigen Sie bei all Ihren Überlegungen, dass der Blickkontakt eine der wichtigsten Voraussetzungen zum Gelingen Ihrer Rede ist (vgl. Kap. „Halte ich Blickkontakt mit meinen Zuhörern?“).

4. Wie ist mein Erscheinungsbild?

Die Zielsetzung jedes Vortrags – aber auch jeder Diskussion und jeder Debatte – kann nur erreicht werden, wenn eine positive Grundstimmung vorhanden ist. Diese positive Grundstimmung kann nur erreicht werden, wenn Sie Ihre Zuhörer durch Ihr Erscheinungsbild nicht zu sehr überfordern: Sie müssen sich folglich den Vorstellungen Ihrer Zuhörer anpassen. So ist ein Rollkragenpullover bei einem hochoffiziellen Festvortrag genauso wenig angebracht wie umgekehrt ein Schlips bei einer Überzeugungsrede zum Thema „Mehr Freizeitkleidung“. Bei einer Dankesrede oder einem Firmenjubiläum sollten Sie auch durch Ihre Kleidung zum Ausdruck bringen, welche Bedeutung Sie dieser Stunde beimessen.

Als Grundregel gilt, dass Sie in kein Extrem verfallen dürfen. Das „Extravagante“ und das betonte „Grau in Grau“ sind nur in wenigen Ausnahmefällen angebracht.[3]

> Bei einem sehr bekannten Modeunternehmen sind die Verkäufer betont konservativ und ganz „in Grau“ gekleidet.
>
> Begründung der Geschäftsleitung: „Wir verkaufen hochmodische Waren, und nicht der Verkäufer, sondern das Produkt soll wirken.“

---

[3] Hier gilt das Sprichwort: „Kleider (aber nicht extravagante – d. Verf.) machen Leute“, siehe hierzu insbesondere das Kap. „Karriere beginnt im Kleiderschrank“.

Eine sehr gefährliche These, denn auch der erste Eindruck des Geschäfts – und dazu gehört auch die Kleidung der Mitarbeiter – trägt durchaus zum Geschäftserfolg bei.

Zur Ablenkung beim Publikum führen natürlich auch weitere Äußerlichkeiten, wie schlecht gebundene oder beschmutzte Krawatten, „Hochwasser"-Hosen oder auch ein ungepflegter Bart. Sie können der Wirkung einer jeden Rede die entscheidende Richtung – zum Negativen – geben. Auch ein Kugelschreiber, der aus der Tasche des Jacketts herausragt oder im weißen Hemd steckt, ist eine unnötige Ablenkung für den Zuhörer, dies gilt auch für eine ausgebeulte Hosentasche, in der offensichtlich das Handy „versteckt" ist.

! Kontrollieren Sie unbedingt vor jedem Auftritt Ihre Kleidung im Spiegel!

5. Wie bringe ich meine Unruhe unter Kontrolle?

Redner überwinden ihre Hemmungen sehr oft am Ende.
Sie finden dann ihre Worte, aber keine Zuhörer mehr.

14 Regeln gegen das Lampenfieber

Wer ist nicht nervös und hat weiche Knie, wenn er einen Vortrag vor einer größeren Anzahl von Zuhörern zu halten hat? Wie kann man jedoch dieses Lampenfieber bezwingen?

Vorab sei gesagt: Jeder gute Redner muss einen Schuss Lampenfieber für seine Rede bzw. seinen Vortrag mitbringen. Nur wer innerlich „aufgeladen" ist, besitzt die entsprechende Dynamik und das Durchsetzungsvermögen für eine gute Rede. Wir alle kennen perfekte Redner, die keinen Anklang finden, obwohl zum Beispiel Inhalt und Gehalt stimmen und sie ihre Stimme beherrschen. Wer von uns will schon, dass der andere perfekt ist? Wir alle wollen mit Menschen sprechen und nicht mit Maschinen. Perfektion weckt Aggression …

Wenn wir das Lampenfieber schon nicht ganz abbauen können (und auch nicht wollen), so gibt es doch 15 bewährte Regeln, um es auf ein gesundes Mindestmaß zu reduzieren.

Regel 1: Gute Vorbereitung ist eine wichtige Voraussetzung für jede Rede und jeden Vortrag.

Hier gilt der paradoxe Satz: Je kürzer die Rede, umso länger sollte die Vorbereitungszeit sein. Wenn Sie in fünf Minuten entscheidende Dinge zur Sprache bringen sollen, so muss Ihre Aussage viel stichhaltiger sein, als wenn Sie über die gleiche Thematik zwei Stunden sprechen dürfen. Es gilt jedoch gleichzeitig: Man kann über alles sprechen, nur nicht über 20 Minuten, danach sollte eine Aktivierung des Publikums erfolgen.

Regel 2: Üben Sie sich in Selbstbejahung.

Nachdem Sie Ihren Vortrag vorbereitet und auch gut „einstudiert" haben, gibt es kein Zurück mehr. Sehen Sie es positiv: „Ich werde eine gute Rede halten, und ich bin sorgfältig und umfassend vorbereitet." Rufen Sie sich das zwischendurch immer wieder ins Gedächtnis.

Regel 3: „In dir muss brennen, was du in anderen entzünden willst." (Augustinus)

Sie können nur über eine Sache sprechen, von der Sie innerlich überzeugt sind. Außerdem müssen Sie wirklich etwas zu sagen haben, wenn Sie eine Rede halten wollen. Sollten Sie mit dem Vortrag und der Thematik nicht einverstanden sein, geben Sie das Thema zurück oder weigern Sie sich, diesen Standpunkt zu vertreten.

Nach außen müssen Sie als Redner jedenfalls immer ausstrahlen, dass Sie mit der Thematik und dem Inhalt Ihres Referats einverstanden sind. Wenn Sie schon nicht überzeugt sind, wie soll es da Ihr Zuhörer sein?

Regel 4: Finden Sie heraus, warum Sie Lampenfieber haben.

Ist es die Angst vor den ungewohnten Räumlichkeiten, den Zuhörern oder dem vorzutragenden Thema?

Wenn Sie wissen, was Sie fürchten, können Sie leichter dagegen angehen.

Regel 5: Ergreifen Sie jede Gelegenheit, um zu üben.

Nur Übung macht den Meister, und den Erfolg erreichen wir nicht per Fahrstuhl, sondern wir müssen den beschwerlichen

Weg über die Treppe nehmen. Leben Sie von den kleinen Schritten. Beginnen Sie im privaten Rahmen oder sprechen Sie auch einmal vor Ihrem engeren Führungskreis im Unternehmen. Das gibt Ihnen Sicherheit in schwierigen Situationen.

Regel 6: Nutzen Sie Entspannungsübungen

Autogenes Training ist ein hervorragendes Mittel, um sich zu entspannen. Wer jedoch diese Methode nicht beherrscht, sollte sich nachfolgende Entspannungsübung – gelernt bei den Jesuiten – merken:

✎ Aufrecht stehen, Hände seitlich auf den Bauch legen, tief durch die Nase einatmen (eine gute Atmung erkennen Sie daran, dass die Bauchdecke beim Einatmen herauskommt), dann Arme über den Kopf nehmen, in die Hocke gehen, die Arme herunternehmen und tief durch den Mund ausatmen. Diese Übung 10- bis 15-mal möglichst an frischer Luft wiederholen, jeweils am Abend und am Morgen vor dem Vortrag.

Regel 7: Essen Sie vor der Rede nur eine Kleinigkeit.

Schwere Mahlzeiten belasten unnötig beim Denken und Sprechen. Auch hier gilt der Grundsatz: Ein voller Bauch studiert nicht gern. Ein „Viertele Wein", sagte ein Bankvorstand aus dem Schwäbischen, hat ihm immer geholfen – ein Placebo-Effekt, der bei ihm immer erfolgreich war. Hier ist jedoch Vorsicht geboten! Schon ein Schluck zu viel …

Regel 8: Überprüfen Sie vor der Rede nochmals die technischen Anlagen.

Ein zu tief angebrachtes Mikrofon, eine nicht funktionierende Lichtquelle oder Sonnenlicht, das Sie oder die Zuhörer blendet, können für einen noch so guten Vortrag das Aus bedeuten. Machen Sie sich auch mit den Räumlichkeiten vertraut.

Regel 9: Kümmern Sie sich zumindest die letzten 20 Minuten nicht mehr um Ihren Vortrag.

Versuchen Sie, sich abzulenken. Es nützt nichts, nun noch die letzten Korrekturen an Ihrem Manuskript oder Stichwortzettel vorzunehmen. Es beunruhigt Sie erheblich, wenn Sie jetzt nicht mehr zu korrigierende Fehler finden. Gut ist, wenn jemand da ist, der Ihnen noch Mut zuspricht.

> Je wichtiger der Vortrag, umso länger die Entspannungszeit vorher.

Regel 10: Atmen Sie tief aus.

Wenn Sie schon vorher Platz genommen haben, so atmen Sie noch einmal möglichst tief aus, bevor Sie sich erheben. Stehen Sie dann dynamisch auf und gehen Sie mit festen, nicht zu langsamen Schritten zu dem Platz, von dem aus Sie zu den Zuhörern sprechen werden.

Regel 11: Haben Sie keine Angst, wenn Sie einmal einen Satz nicht zu Ende bringen.

Außer Ihnen wird es nur wenigen Zuhörern auffallen, wenn ein unvollständiger Satz die Ausnahme bleibt. So ein kleines Malheur wirkt sogar oft sehr viel menschlicher als eine perfekt geschliffene Rede. Merken Sie sich drei bis vier Methoden, um eine ungewollte Redepause zu überbrücken:

- Wiederholen Sie Ihre letzten Worte.
- Lassen Sie sich eine witzige Bemerkung oder eine Anekdote einfallen.
- Stellen Sie eine rhetorische Frage.
- Fahren Sie einfach fort mit Ihren Ausführungen.

Siehe auch das Kapitel „Was tun bei einem Blackout".

Regel 12: Denken Sie daran: Ihre Zuhörer sind auch nur Menschen, die kleine Schwächen gern verzeihen.

Ihre Zuhörer sind Ihnen doch nicht negativ gesonnen! Es ist historisch nachgewiesen, dass sich Bismarck seine Zuhörer als Kohlköpfe vorstellte. Wer hat schon Schwierigkeiten, seine Rede vor Kohlköpfen zu halten?

> Zitternde Knie und ein Druck in der Magengegend sind vom Zuhörer kaum zu erkennen.

Regel 13: Setzen Sie unbedingt Hilfsmittel ein.

Bereiten Sie eine PowerPoint-Präsentation vor oder nutzen Sie den Flipchart. Diese Hilfsmittel können ein hervorragender Rettungsanker sein, sie ersetzen Ihnen zum Teil sogar den Stichwortzettel. Hinzu kommt noch ein anderer Effekt: Durch Hören und gleichzeitiges Sehen bleibt bei ihren Zuhörern das Drei- bis Vierfache gegenüber dem „Nur"-Hören haften.

Regel 14: Suchen Sie sich im Publikum einen oder zwei Zuhörer, die Ihnen ab und zu zunicken und Sie freundlich ansehen.

Was meinen Sie, wie nervös Sie werden, wenn Sie in der ersten Reihe jemanden erspähen, der Ihnen laufend zugähnt oder womöglich bei jeder Äußerung von Ihnen abwinkt? Sie werden ihn laufend kontrollieren, und dies wird Sie letztlich negativ beeinflussen. Suchen Sie sich lieber einen Zuhörer, der ausstrahlt, dass er großes Interesse an Ihrem Vortrag hat. Fixieren Sie ihn aber nicht, sondern lassen Sie Ihren Blick (langsam) über die Runde schweifen. Alle haben doch ein Anrecht auf Ihr Interesse!

> ! Anfängliche Hemmungen sind das Natürlichste von der Welt. Durch Übung und durch Beachtung einiger der zuvor genannten Regeln wird das Lampenfieber deutlich reduziert.

6. Wie und wo hole ich mir Anregungen für Vorträge und Reden?

Inhalt und Gedankengehalt einer Rede werden von den Zuhörern an dem gemessen, was sie ihnen bringen und was sie möglichst umgehend verwenden können. Je mehr neue Gedanken Sie den Zuhörern in Ihrer Rede vermitteln, umso lebendiger wirken Ihre Ausführungen und umso dankbarer werden sie aufgenommen. Die Möglichkeiten, neue Gedanken zu vermitteln, hängen jedoch sehr stark vom jeweiligen Thema ab. Zum Trost: Es gibt vorzügliche Redner, die keinen einzigen neuen Gedanken bringen. Um Ihr Blickfeld zu erweitern und Ihre Ausdrucksweise zu verbessern, ist zu empfehlen:

1. Lesen Sie viel.

   Beschränken Sie sich dabei nicht auf Fachbücher und Fachzeitschriften. Weiten Sie Ihren Horizont.

2. Achten Sie auf geistreiche Aussprüche Ihrer Mitmenschen und notieren Sie diese sofort.

   Legen Sie sich eine Ideen-Datenbank an, in der Sie alle Gedanken – alphabetisch – zu allen Problemkreisen, mit denen Sie bei zukünftigen Reden rechnen müssen, aufzeichnen.

> ! Sorgen Sie dafür, dass Sie immer etwas dabei haben (Notizbuch, Smartphone etc.), um Geistesblitze und neue Gedankengänge zu notieren.

3. Bei einem vorgegebenen Thema können Sie auch mit nachfolgendem Schema Ideen sammeln:

   Überlegen Sie sich den Ziel- und Zwecksatz: Was will ich erreichen?

Was muss ich sagen? (Stoff und Zusammenhänge)	**Was sollte** ich sagen? (zum besseren Verständnis, Beispiele, Bilder)	**Was kann** ich noch sagen? (zum Ausschmücken)

   Nachdem Sie sämtliche Gedankengänge aufgelistet haben, ordnen Sie das gewonnene Material (mehr dazu unten).

4. Benutzen Sie ein gutes Zitate-Buch[4]. Auch die Bibel ist eine hervorragende Quelle für Zitate.

5. Diskutieren Sie mit Fachleuten über die Thematik. Führen Sie Ihre eigene „Marktforschung“ durch.

6. Sprechen Sie Ihr Konzept aber auch mit einem Bekannten – Nichtfachmann – durch. Meist sind ja nicht nur Kenner der Materie bei Ihrer Rede anwesend.

Wenn Sie Ihr Material zusammengesammelt haben, gehen Sie in folgenden Schritten vor (siehe auch Abbildung):

---

[4] Knaurs Großer Zitatenschatz, Euskirchen 2008; Der Zitateguide, 2. Auflage, Freiburg, 2002.

- **Materialordnung:** Ordnen und systematisieren Sie Ihre Rede auf einem Stichwortzettel.
- **Materialgliederung** (breit): Schreiben Sie ausführlich auf, was Sie in der Einleitung und im Hauptteil sagen wollen, und überlegen Sie, wie Sie den Schluss gestalten wollen.
- **Materialgliederung** (tief): Legen Sie Ihre Einleitung endgültig fest. Notieren Sie sich die Hauptstichworte des Hauptteils. Finden Sie den treffenden Schluss und legen Sie diesen ebenfalls schriftlich fest.
- **Endgültiger Stichwortzettel:** Legen Sie dann fest, was endgültig auf dem Stichwortzettel stehen soll (siehe Kap. „Der Stichwortzettel"). Wohlgemerkt: Es handelt sich um einen Stichwortzettel und nicht um ein ausformuliertes Manuskript.

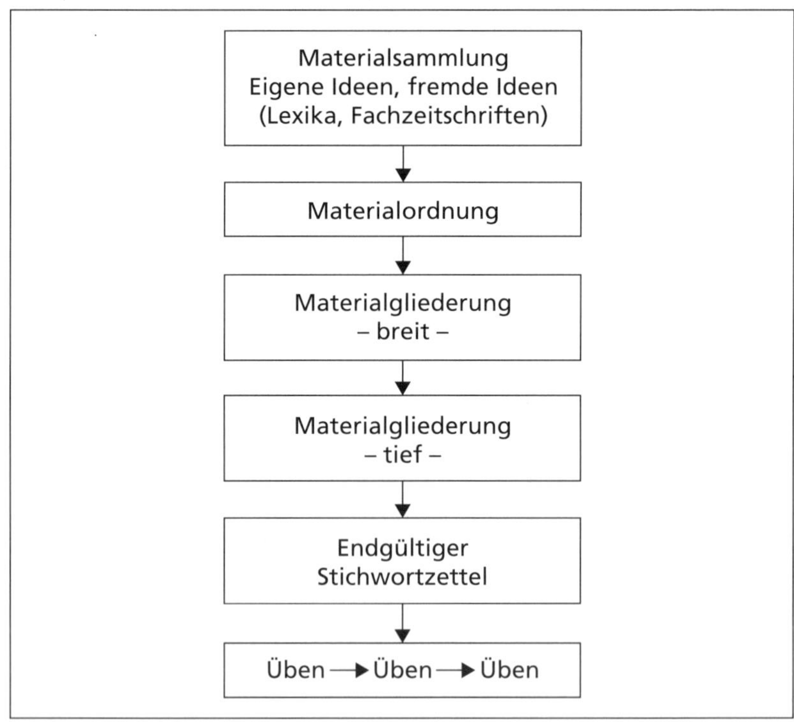

Viel Freude beim Üben – Üben – Üben Ihrer Rede! Denn: Reden lernt man nur durch Reden.

Checkliste: Wichtige Fragen vor einer Rede

Prüfen Sie anhand der nachfolgenden Checkliste, ob Sie vor Ihrer Rede alle Punkte beachtet haben.

1 Wie ist mein genaues Thema? ☐
2 Wer oder was hat mich veranlasst zu sprechen? ☐
3 Welche Redeform wähle ich? ☐
4 Welches ist mein Redeziel? ☐
5 Findet das Thema Interesse? ☐
6 Vor wem spreche ich? ☐
7 Inwieweit ist die Thematik schon bekannt? ☐
8 Welche Zeit steht mir zur Verfügung? ☐
9 Ist mit Störungen/Zwischenrufen zu rechnen? ☐
10 Bin ich auf eine etwaige Diskussion am Ende der Rede vorbereitet? ☐
11 Mit wie viel Zuhörern kann ich rechnen? ☐
12 Ist eine bestimmte Reihenfolge bei der Begrüßung der Zuhörer zu beachten? ☐
13 Welche audiovisuellen Hilfsmittel (Flipchart, Overhead-Projektor, Laptop, Beamer etc.) kann ich einsetzen? ☐
14 Stimmen die Lichtverhältnisse? ☐
15 Ist genug Sauerstoff im Vortragsraum? ☐
16 Ist das Mikrofon intakt? ☐
17 Entspricht das Vortragspult den Erfordernissen? ☐
18 Wie ist mein Äußeres? ☐
19 Habe ich für mein „leibliches Wohl" gesorgt? ☐
20 Wie bringe ich meine Unruhe unter Kontrolle? ☐

Meine zusätzlichen Fragen vor einer Rede:

21 ____________________ ☐
22 ____________________ ☐
23 ____________________ ☐
24 ____________________ ☐
25 ____________________ ☐
26 ____________________ ☐

27 ______________________________ ☐
28 ______________________________ ☐
29 ______________________________ ☐
30 ______________________________ ☐

IV. Der Stichwortzettel

1. Grundsätzliches

Der Wind bläst Werftchef Norbert Henke ein Manuskriptblatt fort. Seine Reaktion „Verdammte Sch..." hören alle über die Lautsprecher.

Schon manche Überraschung hat derjenige Redner erlebt, der zum ersten Mal seinen Vortrag mit einem „Stichwortzettel" gehalten hat. Aber auch Zuhörer haben schon öfter ihren Spaß am Kampf des Redners mit seinen Unterlagen gehabt.

Vorab sei gesagt, dass eine vollständig ausgearbeitete Rede („Wort für Wort") viel mehr Nachteile (kein Blickkontakt, Redner wirkt unsicher, nicht natürlich, ist zeitlich und inhaltlich nicht flexibel) aufweist als eine Rede mithilfe eines Stichwortzettels.

Auch das andere Extrem – die völlig freie Rede – ist nur in Ausnahmefällen angebracht. Selbst exzellente Redner, die jederzeit ohne Stichwortzettel reden können, sollten ihn benutzen. Dafür gibt es mehrere Gründe:

- Sie können wichtige Gedankengänge nicht vergessen bzw. an der falschen Stelle vortragen.
- Sie werden nicht unsicher, und Ihre Nervosität ist geringer, da Ihnen der Stichwortzettel als „Rettungsanker" dient, wenn das Gedächtnis einmal aussetzen sollte.
- Sie können Ihren zeitlichen Ablauf kontrollieren, wenn Sie entsprechende Zeitangaben auf jedem Stichwortzettel gemacht haben. Sie können dann Ihre Rede kürzer gestalten oder umgekehrt zusätzliche Punkte einbauen.
- Sie können Ihre Rede auch nach provozierenden Zwischenrufen und Störungen leichter fortsetzen.

- Sie machen damit deutlich, dass Sie sich speziell auf diese Rede vorbereitet haben.
- Sie strahlen keine Perfektion aus, denn „Perfektion weckt Aggression“!
- Ihren Stichwortzettel halten Sie oberhalb der Gürtellinie. In diesem Bereich werden Gesten als besonders positiv wahrgenommen.

2. Wie sollte der Stichwortzettel aussehen?

- Als Format hat sich DIN A5 oder DIN A6 (Postkartengröße) besonders bewährt. Mit noch kleinerem Format zu arbeiten, halte ich für falsch. Jeder Zuhörer sollte sehen, dass Sie sich vorbereitet haben.
- Die Stärke des Papiers ist oft entscheidend, wenn Sie kein Rednerpult zur Verfügung haben. Wählen Sie also Karteikarten oder ein nicht zu dünnes Papier.
- Nummerieren Sie Ihre Karten durch. Die obere rechte Ecke empfiehlt sich hierfür besonders. Auch ein Windstoß kann Sie dann kaum aus dem Konzept bringen, und Sie beugen Irrtümern in der Reihenfolge vor.
- Beschreiben Sie Ihren Stichwortzettel auf keinen Fall auf beiden Seiten. Wenn Sie den Zettel wenden, wird Sie dies nervös machen.
- Versuchen Sie, die DIN-A5- oder A6-Stichwortzettel farbig zu unterteilen. Die Einleitung steht z. B. auf gelbem Karton, der Hauptteil auf weißem und der Schluss wiederum auf gelbem Karton. Die beiden gelben Karteikarten signalisieren: „Achtung, besonders wichtig und eindrucksvoll rüberkommen!“, denn Beginn und Ende jeden Vortrags machen (fast) 50 Prozent (der Miete) aus!
- Unterteilen Sie Ihre DIN-A5- oder den DIN-A6-Karten am besten mit einem senkrechten Strich (¾ linke Seite, ¼ rechte Seite) aufteilen. Auf die linke Seite werden dann die unbedingt wichtigen Stichwörter geschrieben, während auf der rechten Seite Informationen erscheinen, die nur bedarfsweise in die Rede einfließen (z. B. Anekdoten, Statistik).

- Auf den einzelnen Stichwortzetteln können Sie ebenfalls mittels Farben verschiedene Hilfen einbauen.

  Zum Beispiel:

  Schwarze Schrift (links) = Gedanken, die unbedingt gebracht werden müssen.

  Rote Schrift (linke Seite) = Zitate und Formulierungen, die wörtlich von Ihnen vorgelesen werden.

  Schwarze Schrift (rechts) = zusätzliche Argumente, falls die Zeit noch ausreicht.
- Die Schreibstifte sollten möglichst wischfest sein.
- Schreiben Sie groß und in Druckbuchstaben. Viele Redner erstellen Ihren Stichwortzettel auch am PC. Es ist völlig gleich, wie der Stichwortzettel geschrieben wird. Hauptsache, Sie kommen damit zurecht! Denken Sie immer daran: Es handelt sich um einen Stichwortzettel, nicht um eine ausformulierte Rede.
- Vermerken Sie auf jeder Karte in einer Klammer (rechts unten oder rechts oben) den Zeitraum, den Sie für die Ausführungen verwenden wollen.
- Sollte Ihnen eine vorgegebene Zeit zur Verfügung stehen (z. B. 20 Minuten), so können Sie z. B. notieren: 5/15. Dies bedeutet, es ist der fünfte Karton und sollte bis zur 15. Minute des Gesamtvortrags abgeschlossen sein.
- Malen Sie sich – sofern Sie diese nachher noch erkennen – kleine Symbole auf den Stichwortzettel. Bilder sind während des Vortrages meist eine wertvolle Gedankenstütze.

Gängige Symbole aus meiner Praxis	
∞	Telefonat
C	E-Mail
⊠	Brief
S	Seminar
ø	Kopie/Durchschrift
T	Termin/Wiedervorlage

- Auf der rechten Seite können Sie zusätzlich mit einem Wort eintragen, was Sie rhetorisch besonders beachten wollen (Blickkontakt, Modulation, Sprechpausen etc.).
- Die Zahl der Stichworte richtet sich nach der Länge des Vortrags. Ein Vortragender, der – wie schon mehrfach erlebt – in 30 Minuten mehr als 30 Stichwortzettel „verbraucht“, hat wohl etwas missverstanden. Das Mittelmaß liegt bei 4 bis 8 DIN-A6-Karteikarten für 20 Minuten. Die Spanne ist auf die unterschiedliche Praxis des Redners und auf den unterschiedlichen Aufbau des Stichwortzettels zurückzuführen.

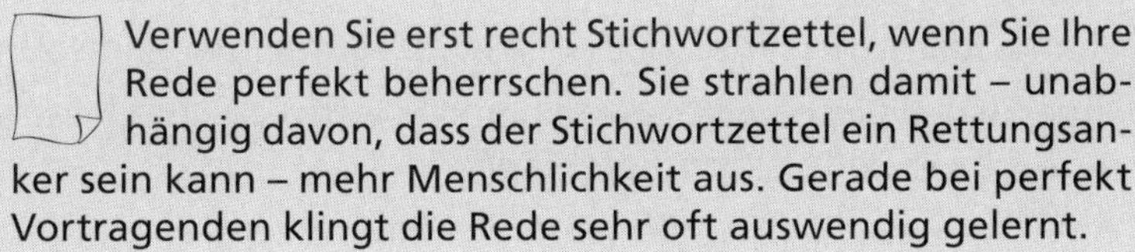

Verwenden Sie erst recht Stichwortzettel, wenn Sie Ihre Rede perfekt beherrschen. Sie strahlen damit – unabhängig davon, dass der Stichwortzettel ein Rettungsanker sein kann – mehr Menschlichkeit aus. Gerade bei perfekt Vortragenden klingt die Rede sehr oft auswendig gelernt.

3. Originalstichwortzettel des Autors zu einem Vortrag über „Verkaufsrhetorik und Telefonverkauf"

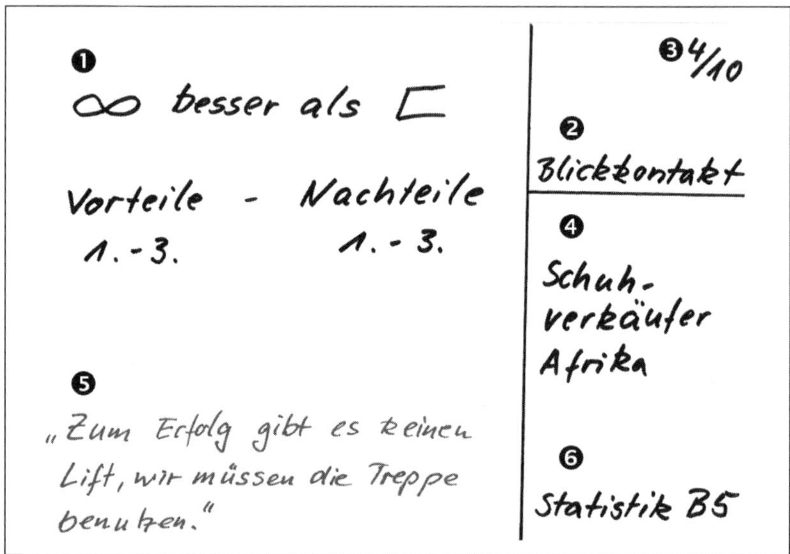

❶ Symbol für telefonieren = ∞
Symbol für E-Mail = E
Heißt: Telefonieren ist besser, als als E-Mails zu schreiben.

❷ Ich werde – während dieses Teils meines Vortrags – auf den Blickkontakt achten. Hier schreibe ich einen Punkt hin, den ich rhetorisch besonders beachten will, z. B. „Blickkontakt" oder „langsam" (ich will langsam sprechen).

❸ 4/10 = 4. Stichwortzettel, der bis zur 10. Minute reichen soll.

❹ Eine lustige Geschichte zum Thema Schuhverkäufer lasse ich einfließen, wenn es zeitlich klappt.

❺ Ein Zitat – rote Schrift bedeutet: Es darf abgelesen werden.

❻ Per Beamer will ich eine Statistik zeigen, die ich als Bild 5 (B5) auf dem Laptop vorbereitet habe.

V. 15 rhetorische Stil- und Hilfsmittel

Wenn Sie eine Rede vorbereiten, so haben Sie eine Zielsetzung vor Augen. In erster Linie kommt es natürlich auf den Inhalt, auf den Gedankengang Ihrer Rede an. Doch um Ihrer Aufgabe gerecht zu werden, müssen Sie

- eindringlich (Technik 1 bis 4),
- plastisch (Technik 5 bis 8),
- spannend (Technik 9 bis 12) und
- **mit** dem Zuhörer (Technik 13 bis 15) – nicht zu dem Zuhörer! –

sprechen. Wie erreichen Sie das?

1 Wiederholungstechnik

Absichtliche Wiederholungen – um die Wirkung Ihrer Worte zu unterstreichen – sollten Sie immer in Ihre Rede einbauen. Achten Sie jedoch darauf, dass Sie diese Technik nur wenige Male verwenden, da sonst die Wirkung verpufft.

Zum Beispiel:

Nur durch Ihre Mitarbeit – und allein Ihre kooperative Mitarbeit – wird uns auch das nächste Jahr eine Umsatzsteigerung bringen.

2 Zitate- und Sprichworttechnik

Besonders eindrucksvoll zu Beginn bzw. am Ende Ihrer Ausführungen ist die Zitate- und Sprichworttechnik. Achten Sie jedoch darauf, dass Ihr Vortrag nicht zu einem „Zitate-Friedhof" wird, das heißt eine Aneinanderreihung von Zitaten und Sprichwörtern beinhaltet. Zitate vermitteln dem Zuhörer den Eindruck, dass der Vortragende sich besonders gut vorbereitet hat. Merken Sie sich jedoch stets, von wem das Zitat stammt oder wo es aufzufinden ist. Nicht selten wirken Redner recht hilflos, wenn sie – was häufig vorkommt – nachher auf ein bestimmtes Zitat angesprochen werden.

Zum Beispiel:

„Zum Erfolg gibt es keinen Lift, meine Damen und Herren. Wir müssen die Treppe benutzen." (Beginn eines Vortrags zum Thema „Die Aus- und Fortbildung im Unternehmen")

3 Stilblütentechnik

Es gibt kaum einen Vortrag (ausgenommen die Trauerrede), in dem nicht auch ein wenig Humor angebracht ist. Mit einer Stilblüte haben Sie bestimmt die Zuhörer auf Ihrer Seite. Drücken Sie aber durch Gestik, Mimik (zum Beispiel verschmitztes Lachen) aus, dass Sie Ihre Stilblüte kennen. Ein hervorragendes Mittel, bei gereizter Atmosphäre zur Auflockerung beizutragen: Gekonnter Humor entspannt!

Zum Beispiel:

„Der Schuh, der uns drückt, darf nicht auf die leichte Schulter genommen werden."

„Die Gemeinschaftsverpflegung ist in aller Munde."

4 Appelltechnik

Fordern Sie zum Handeln auf! Nicht nur am Ende, sondern auch während einer Rede können Sie an Ihre Zuhörer appellieren. Achten Sie darauf, dass es nicht zu oft erfolgt; sonst laufen Sie Gefahr, demagogisch zu wirken.

Zum Beispiel:

„Packen wir es an!"

„Ich rufe Ihnen zu: Hier muss etwas geschehen!"

5 Bilder- und Beispieltechnik

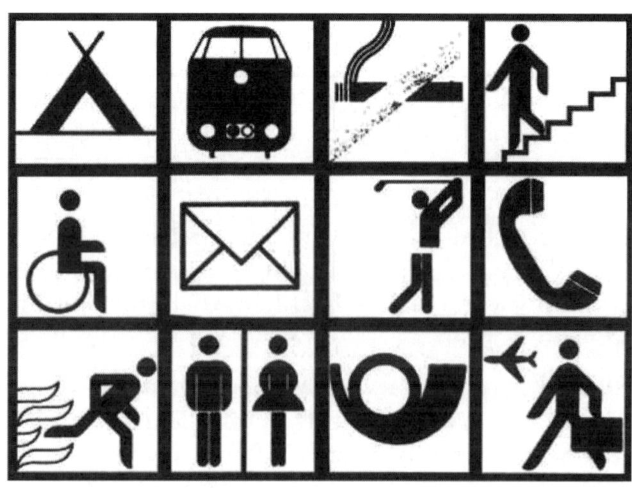

Ein chinesisches Sprichwort sagt: „Ein Bild sagt mehr als tausend Worte." Ist nicht dieses Bild ein hervorragendes Beispiel?

Das Gleiche gilt für die bildhafte Sprache. Wie viel anschaulicher klingt es doch, wenn Sie von den Politikern hören, die es „wie die Blumen machten": Sie ließen die Köpfe hängen (Bildersprache). Oder: Sie sprechen von einer Gemeinde, die jährlich ausgelöscht wird. Ist dies nicht besser, als nur die nüchterne Zahl von 3.475 Verkehrstoten im Jahr 2015 zu erwähnen?[5]

Die Bilder müssen aus dem Erlebnisbereich der Zuhörer stammen. So können Sie nicht Bilder aus der Landwirtschaft für das Großstadtpublikum verwenden. Auch Bilder aus dem Jagdleben sind bei Zuhörern, die keine Beziehung zur Jagd haben, nicht angebracht.

Dem Tierreich entlehnte Redensarten geben jeder Rede mehr Leben und führen zu einer größeren Anschaulichkeit. Hier eine kleine Auswahl – nach Thematik und Zielgruppe unterschiedlich verwendbar – für Ihre nächste Rede:

Das Ei tut oft klüger als die Henne.
Da liegt der Hase im Pfeffer.
Da ist der Hund begraben.
Das ist des Pudels Kern.
Hecht im Karpfenteich.
Hasenfuß, schlauer Fuchs, junger Dachs, Nachteule, Tanzbär, Schmierfink, Dreckspatz
Jemandem einen Floh ins Ohr setzen.
Jemandem einen Bären aufbinden.
Besser einen Sack Flöhe hüten …
Wenn die Katze weg ist, tanzen die Mäuse auf dem Tisch.
Ein Hühnchen rupfen.
Den Bock zum Gärtner machen.
Wenn die Mäuse satt sind, schmeckt das Mehl bitter.
Ochs vorm Berg.
Mit den Hühnern ins Bett gehen.
Nur die allerdümmsten Kälber wählen ihren Metzger selber.
Mit den Wölfen heulen.
Munter wie ein Fisch im Wasser.
Flink wie ein Wiesel.

---

[5] Die zu verwendenden Bilder sind vor dem Vortrag reiflich zu überlegen. Rechnen Sie nicht damit, dass Ihnen diese während des Vortrags einfallen.

Auf den Hund kommen.
Eine Laus in den Pelz setzen.

Eigene Beispiele:

____

____

____

____

____

Grundsätzlich sollten wir mehr veranschaulichen und weniger beweisen. Die Bildersprache ist der Schmuck jeder Rede und nach Wilhelm Busch ist jede Sprache Bildersprache. Nutzen wir diese Erkenntnis!

6 Vergleichstechnik

Die Vergleichstechnik hängt sehr eng mit der Bilder- und Beispieltechnik zusammen. Wenn Sie anschauliche Vergleiche wählen, so bleiben diese bei dem Zuhörer länger haften.

Zum Beispiel:

„Sie hatte eine Haut wie ein Pfirsich."

„Er blieb stehen wie vom Donner gerührt."

7 Wortspiel

Ein Spiel mit Worten (in der Regel, um eine humorvolle Wirkung zu erzielen). Ein Wortspiel ist sehr einprägsam und hat einen hohen Erinnerungswert bei den Zuhörern.

Zum Beispiel:

„Da werden Ihre Füße in die Hände klatschen." (Werbevortrag über Schuhe)

„Da haben wir den Nagel auf den Kopf getroffen."

8 Kontratechnik

Bei der Kontra-Technik werden zwei Gegensätze in einem Satz bzw. einem Wort verflochten.

Zum Beispiel:

„Kühler Kopf und heißes Herz".

„Recht haben und Recht behalten ist noch lange nicht dasselbe."

„Luxusscheune" (für Hotel der besten Kategorie).

9 Pausentechnik

Die Pausentechnik dient zur Erhöhung der Spannung und ist ein wichtiges rhetorisches Stil- und Hilfsmittel. Scheuen Sie sich nicht, nach einem längeren Satz einmal eine längere Pause einzulegen. Sie werden erleben, welche Spannung Sie bei Ihren Zuhörern erzielen. Bildhaft gesprochen: Man muss Pausen hören können.

10 Verstummungstechnik

Die Verstummungstechnik ist eine weitere Form der Pausentechnik. Brechen Sie mitten im Satz – gekonnt – ab. Sie werden erleben, welche Überraschung Sie bei Ihren Zuhörern erzielen.

Schauen Sie nach dem Redeabbruch unbedingt Ihre Zuhörer an. Das zeigt dem Publikum Ihre Sicherheit. Wenn Sie Ihren Blick stattdessen auf den Stichwortzettel lenken, entsteht der Eindruck, dass Sie den Faden verloren haben.

Zum Beispiel:

„Die Tatsache ist auch Ihnen nicht verborgen geblieben, dass …" (Pause)

„Sie erwarten hierauf eine klare Antwort, nun …" (Pause)

11 Überraschungstechnik

Sie machen eine wissentlich falsche Aussage, die Sie im nächsten Satz korrigieren.

Zum Beispiel:

„Meine Damen und Herren, nur Geld macht glücklich. – Das sagte vor einiger Zeit …"

„Wer weiterkommen will, darf keine Skrupel haben. – Stimmt diese These?"

12 Steigerungstechnik

Bauen Sie Ihre Sätze einmal so auf, dass drei aufeinanderfolgende Sätze jeweils eine Steigerung darstellen.

Zum Beispiel:

„Es ist gut, wenn Sie viel lesen und selbstständig üben. Es ist besser, wenn Sie zielgerichtet Artikel lesen. Am besten ist es jedoch, wenn Sie zuerst einen Grundkurs in Rhetorik besuchen." (Beispiel für einen Vortrag über Rhetorik)

13 Rhetorische Frage (siehe auch Kap. „Die Fragetechnik – Königin der Dialektik")

Die rhetorische Frage ist ein hervorragendes Mittel zur Belebung Ihres Vortrags. Sie stellen eine Frage, die von Ihnen gleich selbst beantwortet wird. Ein Stilmittel, das leider viel zu selten eingesetzt wird.

Zum Beispiel:

„Was können Sie nun daraus folgern, meine Damen und Herren? – Erstens …, zweitens …"

„Welche Schlussfolgerungen ziehen Sie daraus? Sie werden erfahren, wie …"

14 Denkanreiztechnik

Bei der Denkanreiz-Technik wird dem Zuhörer Gelegenheit gegeben, mitzudenken und sich seine eigenen Gedanken zu machen. Sie deuten lediglich an.

Zum Beispiel:

„Sie alle wissen, was ich damit sagen will."

„Den Rest überlasse ich gern Ihrer Fantasie."

15 Anredetechnik

Sprechen Sie während Ihrer Rede die Zuhörer immer wieder einmal an. Wenn Sie bestimmte Personengruppen oder Einzelpersonen nennen, wird das Interesse des übrigen Publikums geweckt.

Zum Beispiel:

„Ihnen, meine Damen und Herren vom Betriebsrat, möchte ich danken …"

Wenn Sie diese Techniken bei der nächsten Redegelegenheit gezielt einsetzen, werden Sie bestimmt eine Steigerung Ihres Redeerfolgs feststellen können.

Im nächsten Schritt soll es um Ihre Ausdrucksweise gehen. Hier eine kleine Übung: Vervollständigen Sie einmal die nachfolgenden Sätze.

✎ Übung: Sprechen Sie lebendig

Führen Sie die folgenden Sätze anschaulich zu Ende:

1. Das Model war so schön, dass …
2. Der Verkaufsleiter war so erstaunt, dass …
3. Die plötzliche Stille war so unangenehm, dass …
4. Er war so erbost, dass …
5. Der Einkäufer war so verwirrt, dass …
6. Der Tag war so schwül, dass …
7. Der Polizist regelte den Straßenverkehr wie …
8. Der Beamte arbeitete wie …
9. Der Geschäftsführer schoss hoch wie …
10. Der Baum schwankte hin und her wie …
11. Der Braten war ungenießbar. Er war zäh wie …
12. Seine Bewegungen waren so tapsig wie …
13. Das Mädchen wirkte frisch wie …
14. Das Feuer tobte wie …
15. Auf seinem Gesicht stand die nackte Angst. Er schaute uns an wie …

Lösungsvorschläge:

1. Das Model war so schön, dass jeder es unwillkürlich anstarrte.
2. Der Verkaufsleiter war so erstaunt, dass er den Mund nicht mehr zu bekam.
3. Die plötzliche Stille war so unangenehm, dass sie uns zu erdrücken schien.
4. Er war so erbost, dass er mit der Faust auf den Tisch schlug.
5. Der Einkäufer war so verwirrt, dass er vergaß, nach den Preisen zu fragen.
6. Der Tag war so schwül, dass wir kaum atmen konnten.
7. Der Polizist regelte den Straßenverkehr wie ein Roboter.
8. Der Beamte arbeitete wie ein Vierzylinder auf drei Töpfen.

9. Der Geschäftsführer schoss hoch wie von der Tarantel gestochen.
10. Der Baum schwankte hin und her wie ein Schilfrohr im Wind.
11. Der Braten war ungenießbar. Er war zäh wie Juchtenleder.
12. Seine Bewegungen waren so tapsig wie die eines Bären.
13. Das Mädchen wirkte so frisch wie eine Rose.
14. Das Feuer tobte wie ein Orkan.
15. Auf seinem Gesicht stand die nackte Angst. Er schaute uns an wie das Eichhörnchen die Giftschlange.

VI. 16 Punkte für erfolgreiche Reden und Vorträge

Gute Vorbereitung ist selbstverständlich eine unabdingbare Voraussetzung für den Erfolg jeder Rede. Jedoch gibt es weitere Punkte, die während einer Rede beachtet werden müssen. Keiner Ihrer Zuhörer hat zwar die nachfolgende Checkliste bewusst vor sich, doch können Sie sicher sein, dass alle 15 Punkte im Raum registriert werden. Vielleicht beachtet der aufmerksame Zuhörer in der vordersten Reihe nur die Punkte 3 (Dialekt), 5 (Körperhaltung), 9 (Gehalt der Rede) und 11 (Sicherheit), während bei dem desinteressierten Zuhörer in der vorletzten Reihe lediglich Auftreten (1), Beginn (2) und Abgang (15) einen bleibenden Eindruck hinterlassen werden.

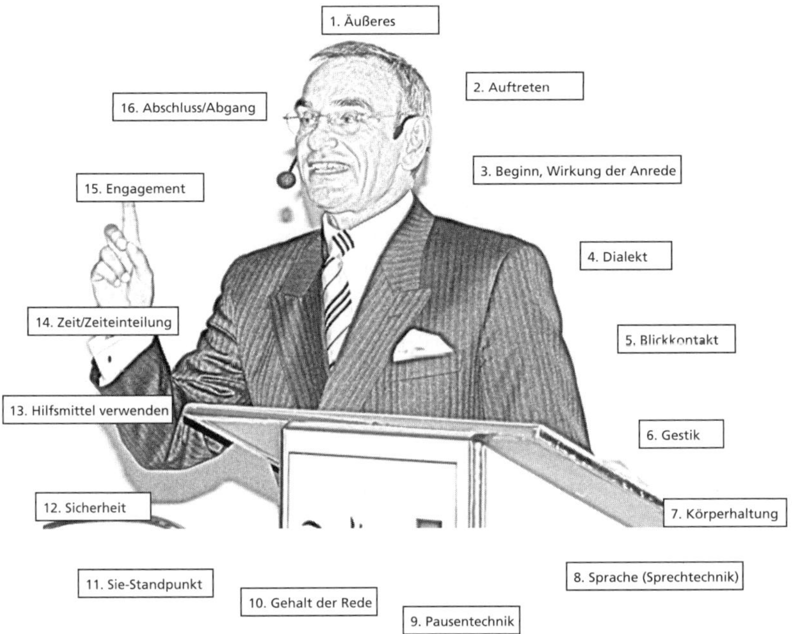

1. Wie ist mein Äußeres?

Die Erwartungshaltung der Zuhörer ist zu erfüllen!

Zwei Beispiele aus meiner Praxis: Bei 50 Clubchefs und Stellvertretern des Robinson-Clubs zog ich lockere Freizeitkleidung (Pullover über den Schultern) und bei 150 Bankvorständen (ausschließlich Vorstandsvorsitzende) waren Krawatte und dunkler Anzug Pflicht.

Wenn Sie die Erwartungshaltung der Zuhörer nicht erfüllen, werden Sie immer schlecht – im wahrsten Sinne des Wortes – aussehen … oder outen sich als Paradiesvogel.

2. Wie ist mein Auftreten?

- Bekannte Leute können es sich leisten, zu spät zu kommen! Doch auch bei ihnen leidet die positive Atmosphäre unter diesem „Nicht-Auftreten". Bemühen Sie sich also, pünktlich zu sein.

- In den meisten Fällen ist es nicht angebracht, schon im Vortragsraum Platz zu nehmen. Warten Sie mit dem Veranstalter vor dem Raum, und beobachten Sie – unauffällig – die eintretenden Zuhörer.
- Atmen Sie tief aus. Gehen Sie dann voller Dynamik zu der Stelle, von der Sie sprechen werden. Nehmen Sie sofort zu Beginn Ihres Eintretens Blickkontakt mit dem Publikum auf. Achten Sie auf Stufen und ausgelegte Mikrofonkabel – dies ist auf dem Weg nach vorn noch wichtiger als der Blickkontakt zum Publikum. Schauen Sie jedoch auf keinen Fall nur auf den Boden oder eilen Sie „mit fliegenden Rockschößen" zum Rednerpult. Nehmen Sie Ihren Standort ein und werfen Sie einen Blick in die Runde, bevor Sie beginnen.
- Grundsätzlich ist es besser, ohne Rednerpult zu sprechen, da der Kontakt zum Publikum nicht durch die Barriere des Rednerpults gestört wird (s. auch Kinesik – Distanzzonen – breiter Schreibtisch). Bei Festvorträgen und bei anderen Gelegenheiten ist das Stehpult unumgänglich.

3. Wie ist mein Beginn bzw. meine Anrede des Publikums?

> „Wie man startet, so liegt man im Rennen."
> „Der erste Eindruck ist entscheidend, und der letzte bleibt."

Diese Merksätze werden von vielen Rednern zu wenig beachtet. Gerade die Einleitung und der Schluss können und sollen einen besonderen Aufmerksamkeitswert beim Zuhörer erreichen. Hüten Sie sich vor allgemeinen, abgedroschenen Einleitungen!

Wie ist die Wirkung der Anrede? Sprechen Sie unbedingt die Personen im Raum an. Bedanken Sie sich auch – sofern Sie zu diesem Vortrag eingeladen wurden. Beginnen Sie möglichst nicht mit einer Entschuldigung.

14 Möglichkeiten, eine Rede zu beginnen

Gehen wir davon aus, dass Sie eine Rede zum Thema „Die Vorteile von Sicherheitsgurten" – obwohl seit 1976 Pflicht – halten werden. Welche Eröffnungsmöglichkeiten gibt es nun?

1 Die ernste Einleitung

Neun von zehn Reden beginnen mit ernsten Ausführungen. Es ist die einfachste und gebräuchlichste Methode. Ein guter rhetorischer Vortrag unterscheidet sich jedoch gerade von diesem üblichen Beginn. Nur in wenigen Fällen (z.B. bei einer Trauerrede) ist dies noch immer die beste Einleitungsform.

Zum Beispiel:

„Die Statistik besagt, dass im Jahr 2015 wieder mehr als 345.000 Menschen ihr Leben auf Deutschlands Straßen verloren haben."

2 Die humorvolle Einleitung

Eine humorvolle Einleitung hilft sehr oft, das Eis zu brechen. Selbst sachliche Themen können so etwas aufgelockert werden. Bei bestimmten Themen verspricht auch eine Prise schwarzer Humor durchschlagenden Erfolg.

Zum Beispiel:

„Wie hieß es einmal in einer bekannten Autowerbung: ‚Nur fliegen ist schöner.' Aber müssen wir es denn gleich aus dem Auto heraus testen?"

„Für den traditionsbewussten Bayern gibt es jetzt, meine Damen und Herren, die Sicherheitsgurte in den Landesfarben Weiß-Blau."

3 Die Einleitung mit einem Zitat

Nicht nur zu Beginn, auch während einer Rede erzielen Sie mit einem Zitat meist einen hohen Aufmerksamkeitswert. Achten Sie jedoch darauf, dass das Zitat nicht zu sehr aus dem Zusammenhang gerissen erscheint.

Zum Beispiel:

„Professor Meyer erwähnte in der Fachzeitschrift ..."

„Der Ihnen, meine Damen und Herren, allseits bekannte Herr Dr. Veil gab vor vier Wochen in einem Interview Folgendes bekannt: ..."

4 Die Einleitung mit einem (selbst gefertigten) Reim

Eine sehr schwierige Form der Einleitung, da Sie eigene Gedanken in Reimform bringen wollen. Kein Wunder, wenn dann solche Zwei- oder Vierzeiler den Zuhörern noch lange in Erinnerung bleiben.

Zum Beispiel:

„‚Mit Gurten fahren hilft Leben wahren', so umschreibe ich meinen Vortrag. Er wird sich beschäftigen mit …"

„Schnall dich an, der Sarg ist enger, angegurtet lebst du länger …"

5 Die historische Einleitung

Die historische Einleitung erinnert an den Aufbau eines Aufsatzes während der Schulzeit. In der Einleitung sollte man die Vergangenheit (was war?), im Hauptteil die Gegenwart (was ist?) und im Schlussteil die Zukunft (was wird?) behandeln. Insgesamt gesehen wird ein geschichtlicher Rückblick – neben dem ernsten Beginn – nicht so gut ankommen wie die anderen aufgezeigten Möglichkeiten.

Zum Beispiel:

„Lassen Sie mich, meine Damen und Herren, einen kurzen geschichtlichen Rückblick über die Entwicklung der Sicherheitsgurte geben."

„Schon die alten Römer hatten bei den Wagenrennen …"

6 Die Einleitung mit einem persönlichen Erlebnis

Sie erzählen ein persönliches Erlebnis, das zur vorgegebenen Thematik passt. Diese Geschichte muss jedoch unbedingt den Tatsachen entsprechen. Sonst besteht die Gefahr, dass jeder Zuhörer sehr schnell merkt, dass Sie nur eine hervorragende Einleitung bringen wollten.

Zum Beispiel:

„Im letzten Sommer hatte ich ein Erlebnis, meine Damen und Herren, das mich immer wieder an den Wert des Sicherheitsgurts erinnert …"

7 Die Einleitung mit einem aktuellen Ereignis

Es ist immer ein Vorteil, wenn Sie bei Ihren Ausführungen einen aktuellen Bezug herstellen können. Fast jedes Sachthema lässt sich durch eine aktuelle Information oder Meldung besser einleiten.

Zum Beispiel:

„Wie Sie alle wissen, meine Damen und Herren, hatte ein berühmter Formel-1-Pilot einen schweren Unfall …"

8 Die Einleitung mit einem Anknüpfungspunkt

Die Einleitung mit einem Anknüpfungspunkt ist die einzige Form der Einleitung, die Sie auf Ihrem Stichwortzettel nicht schon vorher festlegen können. Sie beginnen Ihre Ausführungen mit einer Tatsache, die Ihnen direkt vor Ihrem Redebeginn aufgefallen ist. Sie knüpfen also zum Beispiel an die Wahl des Ortes, an die Personenzahl, an das Wetter etc. an. Sie können z. B. auch an die Worte des Vorredners anknüpfen.

Zum Beispiel:

(Voraussetzung: Sonnenwetter zu Beginn des Vortrags) „Auch bei diesem herrlichen Sonnenschein, meine Damen und Herren, ist es ratsam, sich anzuschnallen."

(Voraussetzung: Sie hören draußen das Martinshorn) „Hoffentlich, meine Damen und Herren, ist hier kein Verkehrsunfall passiert. Falls doch, so hoffe ich, dass der Verkehrsteilnehmer angeschnallt war."

9 Die Einleitung mit einer rhetorischen Frage

Die rhetorische Frage ist eine der elegantesten Möglichkeiten für den Redebeginn. Auf die rhetorische Frage erwarten Sie keine Antwort. Im nachfolgenden Satz beantworten Sie Ihre Frage selbst. Die rhetorische Frage ist gleichzeitig ein hervorragendes Mittel, um die Aufmerksamkeit der Zuhörer zu wecken.

Zum Beispiel:

„Wie ist wohl die Überlebenschance höher, meine Damen und Herren, mit oder ohne Sicherheitsgurt?"

10 Die provozierende Einleitung

Von einer Provokation der Zuhörer selbst ist dringend abzuraten. Wenn die Zuhörer erst Antipathie gegen Sie entwickelt haben, wird Ihnen die inhaltlich beste Rede nicht den gewünschten Erfolg bringen. Selbst eine provozierende These sollten Sie nicht in Form einer Feststellung, sondern in Frageform bringen.

Zum Beispiel:

„Wollen Sie sich eigentlich nur auf Ihr Glück oder mehr auf den Sicherheitsgurt verlassen?"

11 Die Kontra-Einleitung

Die Kontra-Einleitung hat einen großen Überraschungseffekt beim Zuhörer. So können Sie zum Beispiel bei einem Vortrag über die „Vorteile von Sicherheitsgurten" die Nachteile vorab nennen.

Zum Beispiel:

„Der Nachteil von Sicherheitsgurten, ... Doch stimmt dies überhaupt?"

12 Die Einleitung mit einem Zuhörerkompliment

Das Zuhörerkompliment zu Beginn ist eine immer wieder erfolgreiche Methode, um beim Publikum eine positive Stimmung zu erzeugen. Schon in früheren Jahrhunderten wurde diese „Umarmungstaktik" („captatio benevolentiae" genannt) angewandt.

Zum Beispiel:

„Ich freue mich über das Interesse, das Sie dem Thema ..."

„Ihr Erscheinen beweist, wie sehr Sie als verantwortungsbewusster Bürger ..."

13 Die Einleitung mit einem Vergleich

Viele der genannten Methoden sind gleichzeitig rhetorische Stil- und Hilfsmittel (s. Kap. „15 rhetorische Stil- und Hilfsmittel). So ist oft auch ein Vergleich zu Beginn Ihrer Ausführungen ein guter Einstieg in Ihren Vortrag.

Zum Beispiel:

„Sie werden nie in ein Bergwerk ohne Sicherheitshelm einfahren dürfen. So selbstverständlich sollte es auch für Sie sein, im Auto immer angeschnallt zu fahren."

14 **Die Einleitung mit einer Demonstration bzw. mit einem akustischen Effekt**

Die Aufmerksamkeit Ihrer Zuhörer wird wesentlich erhöht, wenn Sie zu Beginn etwas zeigen, demonstrieren bzw. vorspielen können. Nutzen Sie den Beamer dazu, zu Beginn ein Bild zu zeigen, oder bringen Sie etwas „originell Passendes" zum nächsten Vortrag mit. Ihre Zuhörer werden es Ihnen danken.

Zum Beispiel:

„Diese Hosenträger haben eine ähnliche Funktion, meine Damen und Herren, wie unsere Sicherheitsgurte. Beide sollen helfen …"

Natürlich können Sie – das wäre eine weitere Möglichkeit – auf die Einleitung ganz verzichten. Dieser Weg ist jedoch nur selten empfehlenswert.

Vorschlag: Beginnen Sie Ihre Einleitung nicht immer mit der Anrede. Versuchen Sie, die Anrede in den zweiten/dritten Satz (siehe z. B. die Einleitungen 2, 3, 5, 6, 7, 11 und 14) einfließen zu lassen. Rhetorik bedeutet auch, es anders zu machen als andere Redner. Werden nicht die meisten Ausführungen mit solchen oder ähnlichen Worten begonnen: „Meine Damen und Herren, ich werde über folgendes Thema sprechen …"? Eleganter klingt:

„Haben Sie das Martinshorn gehört? Ich begrüße Sie, meine Damen und Herren, ganz herzlich zu …"

Wichtig ist, dass Sie Ihre Einleitung nicht zu langatmig formulieren. Es sollte Ihnen nicht so ergehen wie dem Redner, der für eine 20-Minuten-Rede vorgesehen war. Er stellte nach 15 Minuten fest, dass er „nur so viel zur Einleitung" sagen wollte! Es gilt eine Regel aus dem kulinarischen Bereich: Ein schön gedeckter Tisch steigert den Appetit. Dieser verfliegt jedoch sehr schnell, wenn der Tisch zu umständlich gedeckt wird.

Beginnen Sie Ihre Rede in Ihrer normalen Stimmlage. Eine höhere Stimmlage wirkt nervös.

Sprechen Sie zu Beginn etwas langsamer, das wirkt beruhigend.

Vergessen Sie folgende Einleitungen:

„Schade, dass nur so wenige gekommen sind."

„Ich muss mich entschuldigen …"

„Ich bin kein guter Redner …"

„Schade, dass ich keinen Beamer zur Verfügung habe …"

„Ich sehe viele, die nicht hier sind." (!)

„Leider bin ich nicht besonders gut vorbereitet, da …

„In der mir zur Verfügung stehenden Zeit kann ich nur …"

4. Betone ich meinen Dialekt?

In vielen Seminaren werde ich immer wieder gefragt: Darf ich mit meinem Dialekt vor anderen sprechen? Sie sollten nicht versuchen, reines Hochdeutsch oder Bühnendeutsch zu sprechen, wenn dies für Sie nicht natürlich ist (einzige Ausnahme: Wenn Sie gerade aus dem „Hochdeutsch-Raum" Hannover kommen). Alle Extreme sind schlecht. Eine mundartliche Färbung stört in den seltensten Fällen. Im Gegenteil: Sie lockert zumeist auf und wirkt persönlich.

Wichtig ist es jedoch, dass Sie Ihren Dialekt nicht „pflegen" und weiter ausbauen. Dies kann sonst dazu führen, dass Sie nicht mehr von allen Zuhörern verstanden werden. Eine Ausnahme bilden kleinere Veranstaltungen, die lokalen Charakter haben. Hier kann zum Beispiel Plattdeutsch die einzig mögliche und richtige Sprache sein.

Das erste Aussprachewörterbuch stammt übrigens von dem Germanisten Theodor Siebs und wurde im Jahre 1896 veröffentlicht. Dieses Aussprachewörterbuch wurde in Zusammenarbeit mit Schauspielern, Philologen etc. herausgebracht. Die Forderung Siebs und vieler Rhetorikautoren, dass die Beherrschung des Hochdeutschen das erstrebenswerte Ziel sei, ist in dieser Form zu einseitig.

Mit Blicken tauscht man Botschaften aus.
Das Auge ist der Spiegel der Seele.

5. Halte ich Blickkontakt mit meinen Zuhörern?

Viele scheitern nicht am Inhalt bzw. Gehalt ihres Vortrags – damit haben sich die meisten sehr intensiv während der Vorbereitung beschäftigt. Es sind eher Äußerlichkeiten – wie ein fehlendes Mikrofon oder das erhoffte Stehpult –, die den Redner so aus der Fassung bringen können, dass sich seine plötzliche Nervosität auch auf die Zuhörer überträgt. Nimmt er dann noch nicht einmal Blickkontakt mit seinem Publikum auf, werden negative Folgen nicht ausbleiben. Was können Sie unternehmen, um Ihre innere – verständliche – Nervosität nicht den Zuhörern zu Beginn eines Vortrages „mitzuteilen"?

- Bevor Sie den ersten Satz Ihrer Rede aussprechen, lassen Sie Ihren Blick durch den Raum schweifen. Sammeln Sie – im wahrsten Sinne des Wortes – die Blicke der Teilnehmer. Am Rande: Beginnen Sie Ihren Vortrag nicht schon auf dem Weg zum Vortragspult. Das zeigt nur, wie nervös Sie sind!
- Es ist wichtig, dass Sie alle Teilnehmer im Blickfeld haben. So sollte zwischen dem Vortragenden und z. B. ca. 20 Zuhörern ein Mindestabstand von zwei Metern bestehen. Je größer der Kreis, umso wichtiger ist diese Distanz. Wenn Sie zu nahe an den Zuhörern stehen bzw. sitzen, entsteht bei Aufnahme des Blickkontakts der „Scheibenwischerblick": Ihre Augen wandern im Raum hin und her, ohne wirklich Blickkontakt aufgenommen zu haben.
- Jeder im Zuhörerraum – auch bei einem größeren Zuhörerkreis – fühlt sich angesprochen, wenn Sie folgenden Grundsatz beachten: Greifen Sie sich an bestimmten Punkten im Raum jeweils eine Person heraus, die Sie während Ihres Vortrages eine kurze Zeit (fünf bis zehn Sekunden) anschauen. Zum Beispiel: rechts hinten im Raum, dann vorne in der Mitte und nach links hinten. Dies wiederholen Sie laufend, und zwar um jeweils einige Zuhörer versetzt nach links oder rechts bzw. nach vorn oder hinten.

Es ist nicht wichtig, dass Sie Ihren Blick mathematisch genau nach dem zuvor genannten Vorschlag „einrichten". Entscheidend ist nur, dass Sie in allen Teilen des Raumes jeweils Zuhörer gezielt fünf bis zehn Sekunden ansehen. Sie werden feststellen, dass – obwohl Sie nur mit einer Person Blickkontakt aufnehmen – sich mindestens vier, fünf oder sogar zehn benachbart sitzende Personen (je nach Größe des Zuhörerkreises) angesprochen fühlen.

- Der Blickkontakt zeigt, dass Sie von Ihrem Vortrag überzeugt sind. Sie strahlen somit Sicherheit aus und schaffen eine Vertrauensbasis bei den Zuhörern.

Nach dem körpersprachlich gesteuerten Verhalten (Kinesik) kann nicht vorhandener Blickkontakt zu drei unterschiedlichen Interpretationen führen:

a) Sie sind unsicher! – Wenn Sie überzeugt und sicher sind, nehmen Sie automatisch Blickkontakt mit Ihren Zuhörern auf.

b) Sie sind arrogant! – Wer von seiner Sache zu überzeugt ist und kein Interesse am Zuhörerkreis hat, bringt dies zum Beispiel durch häufige Blicke aus dem Fenster zum Ausdruck.

c) Sie sind zu konzentriert! – Wenn Sie während des Vortrags Ihren Blick zur Decke oder (noch häufiger) auf den Boden richten, dann denken Sie über Ihre nächsten Worte noch nach. Dies ist ein Zeichen von schlechter Vorbereitung.

Ein weiterer Vorteil des Blickkontakts ist, die Reaktionen der Zuhörer einschätzen bzw. für Ihren Vortrag nutzen zu können. Wenn das Publikum unruhig wird, beginnen Sie zum Beispiel einen neuen interessanten Themenkomplex. Wenn es schon fast „einnickt", können Sie die Zuhörer durch rhetorische Stil- und Hilfsmittel wieder in den Griff bekommen.

Achten Sie jedoch darauf, dass Sie niemanden im Zuhörerkreis zu lange anschauen. Sie verunsichern den Zuhörer oder geben ihm das Gefühl, dass Sie ihn einschüchtern wollen. Das kann bei dem Angeschauten Aggressionen auslösen, und das ist bei einem Vortrag bestimmt nicht von Vorteil. Es nützt auch nichts, wenn Sie Ihren Zuhörer freundlich anschauen: „Warum gerade ich?" Ebenso kann der intensive Blick zu einem einzigen Zuhörer bei den anderen Aggressionen wecken: „Warum nimmt er keine Notiz von mir?"

Richten Sie Ihre Blicke auf keinen Fall auf die Nasenwurzel (das lernen Sie in vielen Verkaufsrhetorik-Seminaren)! Das irritiert den Zuhörer erst recht.

6. Setze ich gekonnt Gestik ein?

Ohne Sprache keine Gestik! Während Sie sprechen, sollten Sie (sparsam) Gestik einsetzen. Natürlich müssen Sie Ihre Zuschauer dabei anschauen und dürfen Ihren Blick nicht auf den Stichwortzettel richten.

Wir unterscheiden in der Gestik drei Bereiche:

I Hände unterhalb der Gürtellinie = negative Aussage

II Hände zwischen Gürtellinie und Brusthöhe = neutrale Aussage

III Hände auf Brusthöhe = positive Aussage

◀ I A
Negative Aussage

> Solange Sie verspannt sind, bewegen Sie nur den Unterarm. Natürliche Gesten kommen aus dem Oberarm (Kugelgelenk).

▶ II B
Neutrale Aussage

Das Gleiche gilt für die Handhaltung:

A Handfläche nach unten = negative Aussage

B Handfläche senkrecht = neutrale Aussage

C Handfläche nach oben = positive Aussage

Wenn Sie etwas besonders positiv betonen wollen, so sollten Sie die Arme und Hände auf Höhe der Brust halten und die Handflächen nach oben richten. Hüten Sie sich jedoch vor dem unmotivierten Gestikulieren „mit Händen und Füßen".

◄
III C
Positive Aussage

Drei wichtige Regeln:

1 **Machen Sie weite, offene Armbewegungen. Unterstreichen Sie Ihre Gesten öfter mit einer Hand.**

Sie strahlen damit eine bestimmte (vielleicht noch nicht einmal vorhandene) Sicherheit aus (siehe auch die Checkliste im Kapitel „Kinesik").

2 **Geste vor Aussage.**

Setzen Sie zuerst die Geste ein und dann das Wort. Niemals umgekehrt! Die Geste ist vor dem Ende des Satzes beendet, den Sie unterstreichen wollen. Versuchen Sie nicht, ein momentan fehlendes Wort in Ihrem Vortrag durch die Geste zu ersetzen.

3 **Setzen Sie möglichst selten die Faust und den Zeigefinger ein.**

7. Achte ich auf meine Körperhaltung?

Das Sprechpult hat hier entscheidende Vorteile, da es den größten Teil des Körpers verbirgt. Sind Sie jedoch von Ihrer Vortragsweise überzeugt und fühlen sich sicher, so verzichten Sie auf diese „Barriere".

Legen Sie Ihre Stichwortzettel (das Ablesen einer Rede ist bis auf wenige Ausnahmen endgültig passé) auf den Tisch oder das Rednerpult, und bleiben Sie nicht wie festgemauert an einer Stelle stehen. Selbstverständlich müssen Sie zu Beginn erst einmal ruhig stehen. Danach können Sie Ihren Standort jederzeit (natürlich in Maßen!) wechseln.

Wie können Sie das lernen? Legen Sie sich eine Zeitung unter die Füße, und üben Sie Ihren Vortrag, während Sie auf dieser Zeitung ruhig stehen bleiben. Zur guten Körperhaltung gehört:

1. aufrechtes Stehen,
2. leicht durchgedrückte Knie,
3. Füße nebeneinander,
4. Fersen knapp auseinander und die Füße im Winkel von 45° nach außen öffnen.

   Bei Damen gilt – auch wenn es schwer ist – Füße direkt nebeneinander.

Stecken Sie Ihre Hände nicht für längere Zeit in die Taschen. Die frühere Regel jedoch, dass Sie die Hand überhaupt nicht in die Tasche stecken sollten, ist längst überholt. Ich warne jedoch davor, die Hände bei einer unbekannten Gruppe in den ersten zwei Minuten in die Tasche zu stecken. Dies könnte zu lässig und damit arrogant auf Ihre Zuhörer wirken. Spielen Sie nicht mit einem Gegenstand – das verwirrt nicht nur Sie, sondern auch Ihre Zuhörer.

> ! Eine steife oder zu lässige Haltung wirkt unnatürlich und meist arrogant.

▶
Typische Haltung vor einer Rede und während der Einleitung (in den ersten 30 bis 60 Sekunden)

◀
Typische Haltung während einer Rede – laufender Wechsel der Gestik

8. Kontrolliere ich meine Sprechtechnik?

Die Sprechtechnik trägt entscheidend zum Erfolg einer Rede bei. Appellieren Sie nicht nur an den Verstand, sondern auch an die Gefühle der Zuhörer und Zuschauer. Sie sprechen zum Beispiel eindrucksvoller und einprägsamer, wenn Sie die Hauptwörter mit Eigenschaftswörtern verbinden.

Zum Beispiel:

Tosender Beifall, würziger Duft, nackte Angst, tiefe Trauer ...

Zum richtigen Sprechen gehört auch die richtige Betonung. Die Veränderung nur eines Wortes kann entscheidend die Wirkung der Aussage beeinflussen. Wenn Sie die Worte „du Schuft" von einer Dame in großer Lautstärke hören, so ist es bestimmt eine Beleidigung. Die gleichen Worte – ins Ohr geflüstert – sind ganz gewiss ein Kompliment.

Es kommt also nicht nur darauf an, **was** Sie sagen, sondern **wie** Sie es sagen! Wer kennt nicht aus Wilhelm Tell: „Der brave Mann denkt an sich selbst zuletzt." In unserer heutigen Zeit ist die Betonung doch sehr oft: „Der brave Mann denkt an sich – selbst zuletzt!"

Achten Sie bei Ihrer Sprechtechnik auf Sprechtempo (langsam – schnell), Stimmstärke (laut – leise) und Stimmlage (hoch – tief). Welche Ursachen kann es haben, wenn Ihre Sprechtechnik falsch ist, und wie wirkt dies auf die Zuhörer?

Wie ist Ihr Sprechtempo?

a) Sie sprechen sehr langsam.

   Die Ursachen könnten sein: Sie sind schlecht vorbereitet bzw. Sie denken noch nach, oder aber Sie sind phlegmatisch und denken träge. Die Wirkung auf Ihre Kollegen bzw. Zuhörer ist: „Er will sich interessant machen" oder „Endlich Gelegenheit zum Abschalten" (führt zu Desinteresse am Gesagten).

b) Sie sprechen sehr schnell.

   Die Relation von Sprechen zu Denken beträgt 1:4. Sehr oft hat man das Gefühl, dass der Vortragende die Relation vertauscht hat! Die Ursachen für schnelles Sprechen sind z. B. Nervosität oder Unsicherheit. Außerdem vermitteln „Schnellsprecher" ein gewisses Desinteresse am Zuhörer. Überprüfen Sie einmal Ihren Bekanntenkreis: Viele Schnellsprecher finden zu wenig Anerkennung – eine Erklärung aus der Tiefenpsychologie.

Die Wirkung: Ein großer Teil der Aussage geht verloren. Dies führt wiederum zu Missverständnissen, und Ihre eigene Glaubwürdigkeit leidet darunter. Die Zuhörer fühlen sich überfahren und haben oft das Gefühl, dass der Redner Fragen scheut.

Das ideale Sprechtempo liegt bei 80 bis 100 Wörtern pro Minute.

> ! Langsames Sprechen verbindet man allgemein mit großer Autorität und Führungsqualitäten (Beispiele: Papst, Bundespräsident, Vielzahl von Vorstandsvorsitzenden).

Wie ist Ihre Stimmstärke?

a) Sie sprechen sehr laut.

Die Ursachen sind sehr oft Erregung und fehlende Beherrschung. Aber auch Umwelteinflüsse (z. B. täglicher Maschinenlärm) können dazu führen, dass Sie sehr laut sprechen.

Die Wirkung kann sehr unterschiedlich ausfallen. Einige Zuhörer schalten ab, während bei anderen Aggressionen geweckt werden. Auf jeden Fall ist zu lautes Sprechen auf die Dauer unangenehm.

b) Sie sprechen sehr leise.

Die Ursachen können in einer gewissen Schüchternheit oder Unsicherheit liegen. Wer gehemmt und von seiner Sache nicht überzeugt ist, wird meist leiser sprechen.

Die Wirkung einer leisen Rede zeigt sich in Ermüdungserscheinungen. Sie ist gleichzeitig eine Beleidigung des Zuhörers.

Wie ist Ihre Stimmlage?

a) Sie sprechen sehr hoch.

Die Ursache ist meist plötzliche Verspannung oder auch aufkommender Ärger oder Zorn.

Die Wirkung ist sehr unterschiedlicher Natur – je nach Zuhörertyp. Es kann lächerlich wirken oder die Zuhörer auch anstrengen. Die hohe Stimme kann aber auch Ängstlichkeit signalisieren.

b) Sie sprechen sehr tief.

Eine selbstgefällige Art und Neigung, in den eigenen Bart zu murmeln, sind oft die Ursachen. Redner mit einer sehr tiefen Stimme werden oft als zu väterlich und nicht engagiert genug eingeschätzt.

Zu beachten ist, dass angeborene Eigenschaften – z. B. eine sehr hohe Stimme – als Ursache grundsätzlich hinzugezählt werden müssen.

Mein Vorschlag: Kontrollieren Sie Ihre Sprechtechnik, z. B. durch Tonbandaufnahmen. Falls Sie eine der oben genannten Eigenschaften bei sich feststellen, so beachten Sie die (negative) Wirkung auf Ihre Zuhörer. Meiden Sie alle Extreme, und denken Sie daran: Sprache und Sprechtechnik sind Ihre klingende Visitenkarte.

Selbstverständlich können Sie z. B. aus taktischen Gründen kurzfristig lauter oder leiser sprechen. So schrieb einmal ein Pfarrer auf sein Konzept, um an einer bestimmten Stelle die eigene Unsicherheit zu überbrücken: „Hier laut sprechen – da Argumente fehlen …"

In der nachfolgenden Checkliste[6] finden Sie den Idealzustand mit einem Kreuz versehen.

[6] Sie finden diese Checkliste noch zweifach als Übung unmittelbar im Anschluss an die Checkliste „Idealfall". Schätzen Sie sich selbst ein und lassen Sie sich einmal von einer Ihnen nahestehenden Person beurteilen.

Checkliste Sprechtechnik –
1. Der „Idealfall" = ×

Sprechtempo	schnell				×		langsam
	rhythmisch		×				abgehackt
Stimmstärke	laut			×			leise
	hart				×		weich
Stimmlage (Modulation)	hoch				×		tief
	dünn				×		voluminös
Satzbau	kurz		×				lang
Inhalt	konkret		×				abstrakt
Fremdwörter	häufig					×	selten
Wiederholungen	häufig					×	selten

Checkliste Sprechtechnik – 2. Selbsteinschätzung

Kreuzen Sie an, wie Sie sich selbst einschätzen. Lassen Sie eine Ihnen nahestehende Person auf der nächsten Seite ankreuzen, wie sie Sie einschätzt.

Sprechtempo	schnell						langsam
	rhythmisch						abgehackt
Stimmstärke	laut						leise
	hart						weich
Stimmlage (Modulation)	hoch						tief
	dünn						voluminös
Satzbau	kurz						lang
Inhalt	konkret						abstrakt
Fremdwörter	häufig						selten
Wiederholungen	häufig						selten

Checkliste Sprechtechnik – 3. Fremdeinschätzung

Sprechtempo	schnell						langsam
	rhythmisch						abgehackt
Stimmstärke	laut						leise
	hart						weich
Stimmlage (Modulation)	hoch						tief
	dünn						voluminös
Satzbau	kurz						lang
Inhalt	konkret						abstrakt
Fremdwörter	häufig						selten
Wiederholungen	häufig						selten

Achten Sie auch darauf, dass Sie kurze Sätze formulieren (Mark Twain hielt 17 Wörter für das zumutbare Maximum). Einen langen, kunstvoll verzierten Satz können Sie so lange lesen, bis Sie ihn (endlich) verstanden haben. Der arme Zuhörer Ihrer Rede kann jedoch nicht um Wiederholung Ihrer Äußerungen bitten. Sprechen Sie daher unbedingt in kurzen Sätzen, und nutzen Sie die rhetorischen Stil- und Hilfsmittel (siehe das Kapitel dazu). Vergessen Sie die nichtssagenden Modewörter wie „hundertprozentig", „sagenhaft", „echt", „prima" usw. Sie wissen ja: In der Kürze liegt die Würze.

Wie schon zuvor erwähnt, sind die kurzen (Haupt-) Sätze das Geheimnis eines jeden guten Redners. So kann man es auch ausdrücken:

„Die Zukunft liegt nicht in erster Linie bei der Suche nach klassischen oder neuen akademischen Berufs- oder Handlungsnischen, sondern bei der legitimatorischen, curricularen, handlungsstrategischen, innovativen, laufbahnrechtlichen, reform- und beschäftigungspolitischen, kurz: bei der praktischen und theoretischen perspektivischen Bewältigung der fälligen Integration des Akademikers in die ganze Breite der Arbeitswelt, wie sie sich auf jeden Fall ohnehin vollzieht."[7]

Bei diesem Satz sind Sie am Ende „außer Puste" und Ihr Publikum kann ihn bestimmt nicht wiederholen!

 Nebensätze sind sehr oft Nebelsätze.

Benutzen Sie auch zu lange Wörter? Prüfen Sie einmal Ihren Wortschatz. Für viele Wörter gibt es kürzere Begriffe mit genau der gleichen Bedeutung:

Zum Beispiel:

- unter Zuhilfenahme von – besser: mit
- unter Ausnutzung der – besser: durch
- mit Ausnahme von – besser: außer
- Rückäußerung – besser: Antwort
- Fragestellung – besser: Frage

Verwenden Sie auch zu viele Substantive? Ersetzen Sie diese durch Verben.

Zum Beispiel:

- „Wir konnten eine Einigung erzielen" schmilzt zu: „Wir einigten uns ..."
- Nicht: „Nehmen Sie nicht unbedingt in Anspruch", sondern: „Beanspruchen Sie nicht unbedingt ..."

---

[7] So nicht: Als Ergebnis vieler hundert Seminare habe ich festgestellt: Studium und Titel führen dazu, dass der Satzbau komplizierter und die Sätze länger werden.

- Nicht: „Verleihen Sie Ihrem Bedauern Ausdruck", sondern: „Bedauern Sie ..."
- Nicht: „Der Chef sprach die begründete Hoffnung aus, dass ...", sondern: „Der Chef hoffte, dass ..."

Das wirkt bescheidener und ist bestimmt in vielen Situationen angebracht. Achten Sie jedoch darauf, dass Sie nicht zu einseitig werden und nur noch den Kurzbegriff verwenden. Sprache ist lebendig – das dürfen auch Ihre Zuhörer merken.

9. Denke ich an die Pausentechnik?

Versuchen Sie einmal Folgendes: Legen Sie bei Ihrem nächsten Vortrag mindestens nach jedem Abschnitt eine Pause ein. Sie können aber auch nach jedem Satz eine Pause machen. Sie werden erstaunt sein, wie gut Ihre Rede ankommen wird, obwohl Sie selbst das Gefühl haben, dass jeder Ihre – übertriebene – Pausentechnik bemerkt hat.

Noch ein Grundsatz: Je größer die Personenzahl, umso deutlicher und langsamer müssen Sie sprechen. Das Gleiche gilt für eine gekonnte Pausentechnik: Je größer die Gruppe, umso wichtiger sind die Pausen. Jedoch dürfen Sie nicht übertreiben. Senken Sie Ihre Stimme am Satzende, das hilft Ihnen, die Pausen leichter einzuhalten.

Welche Vorteile hat eine richtig angewandte Pausentechnik?

- Sie unterstreicht die Wichtigkeit Ihrer Aussage.
- Die Zuhörer können das Gesagte besser aufnehmen.
- Sie zeigt Ihr Interesse an den Zuhörern. Nicht umsonst wird Schnellsprechern unterstellt, sie hätten kein Interesse an ihren Zuhörern.
- Die gekonnte Pausentechnik gibt Ihnen Zeit, den nächsten Punkt auf Ihrem Stichwortzettel zu erfassen und verleiht Ihnen damit eine gewisse Sicherheit.
- Sie können sich entspannen und ausreichend Luft holen. Dies ist entschieden besser, als während der Rede „nach Luft zu ringen".
- Eine gekonnte Pause schafft Spannung: „Was wird er wohl jetzt sagen?"

- Eine bewusst gemachte Pause, deutet einen neuen Themenbereich an.
- Eigene Verlegenheit kann durch eine Pause überbrückt werden.
- Eine längere Pause wird unaufmerksame Zuhörer wieder zu Ihrem Vortrag zurückführen.

Man muss Pausen hören können.

10. Wie ist der „Gehalt" meiner Rede?

Der „Gehalt" bleibt natürlich der wichtigste Punkt einer guten Rede. Auswertung von Unterlagen und eine intensive Vorbereitung sind unabdingbare Voraussetzungen für einen erfolgreichen Vortrag. Gleichzeitig sollten Sie Ihren Vortrag üben.

Eine klare Gliederung und alle weiteren in diesem Kapitel dargestellten 15 Punkte für erfolgreiche Reden und Vorträge tragen dazu bei, dass Sie eine überzeugende Rede halten. Ein einfaches Schema wird Ihnen beim Aufbau der Rede behilflich sein:

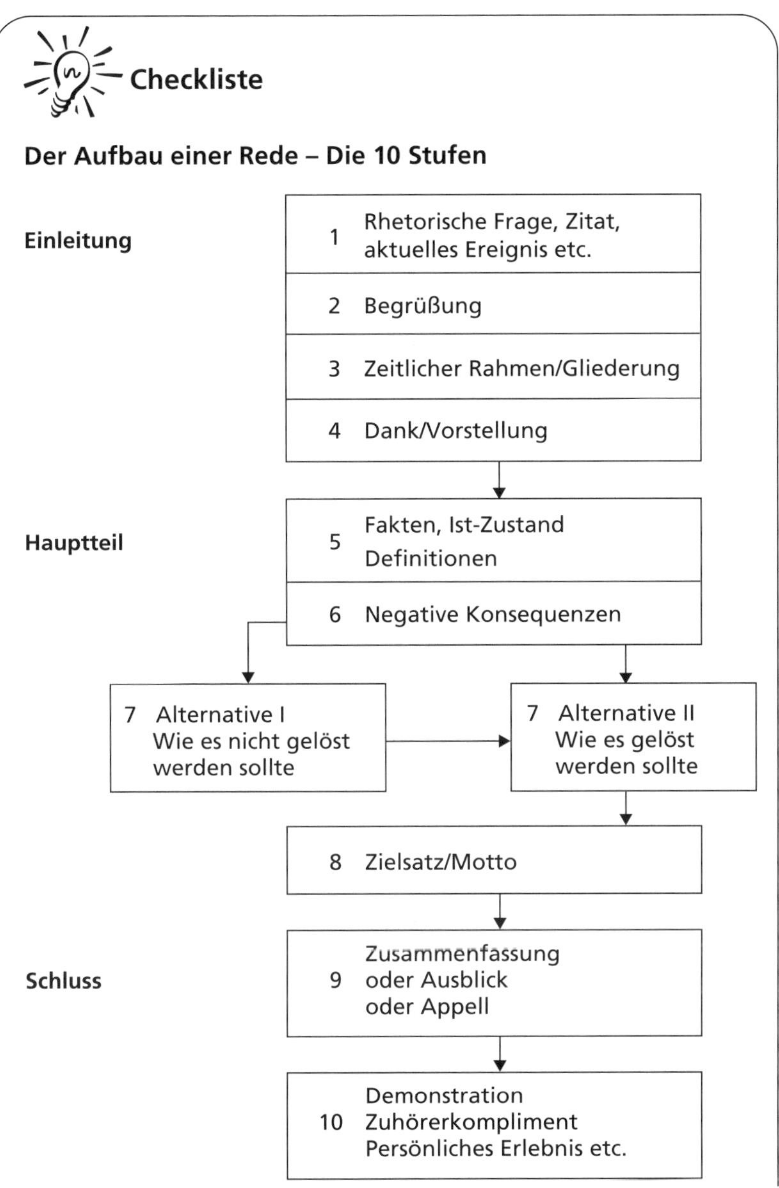
Checkliste
Der Aufbau einer Rede – Die 10 Stufen
Einleitung
1 Rhetorische Frage, Zitat, aktuelles Ereignis etc.
2 Begrüßung
3 Zeitlicher Rahmen/Gliederung
4 Dank/Vorstellung
Hauptteil
5 Fakten, Ist-Zustand Definitionen
6 Negative Konsequenzen
7 Alternative I Wie es nicht gelöst werden sollte
7 Alternative II Wie es gelöst werden sollte
8 Zielsatz/Motto
Schluss
9 Zusammenfassung oder Ausblick oder Appell
10 Demonstration Zuhörerkompliment Persönliches Erlebnis etc.

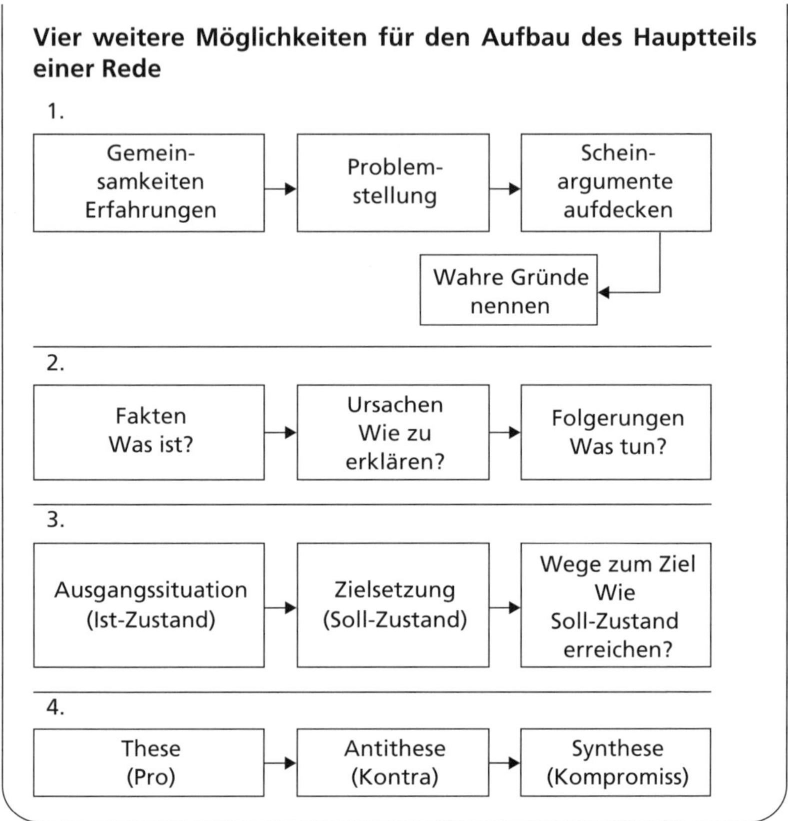

Mein persönliches Schema:

11. Denke ich an den „Sie-Standpunkt"?

Für einen Vortrag, aber auch für jedes Gespräch und jede Diskussion ist es wichtig, sich in die Lage der Zuhörer bzw. Gesprächs- und Diskussionspartner zu versetzen. Wir müssen lernen, dass nicht das Wort „ich" im Vordergrund unserer Thesen und Ausführungen stehen darf, sondern ausschließlich die „anderen". Es gilt also:

vom **Ich** über das **Wir** zum **Sie-Standpunkt**[8]

Jeder ist nur an dem interessiert, was ihn in irgendeiner Form beschäftigt. Die Rede wird direkter, sie wird unmittelbarer.

Zum Beispiel:

Legen Sie Ihrem Mitarbeiter den Organisationsplan des Unternehmens vor: Er sucht zuerst seine Position.

Zeigen Sie ihm ein Foto vom letzten Betriebsausflug: Er wird zuerst sich selbst suchen.

So nützt es auch nichts, wenn Sie Ihrem Gesprächspartner von Ihren persönlichen Verkaufserfolgen des gestrigen Tages berichten, wenn dieser zum Verkauf keine Beziehung hat und ganz in seinem Beruf (zum Beispiel Künstler) aufgeht. Hier muss erst einmal eine gemeinsame Gesprächsbasis – das Wir – gefunden werden, um überhaupt zu einem für beide Seiten akzeptablen und interessanten Gesprächsergebnis zu kommen. Das Ergebnis wird natürlich noch verbessert, wenn Sie auf die Interessenlage des Gesprächspartners eingehen – das heißt, wenn Sie über das „Wir" zum „Sie-Standpunkt" kommen. Das Gleiche gilt für eine Rede. Schon bei der Vorbereitung Ihrer Rede sollten Sie die Zielsetzung beachten.

Es ist jedoch nicht nur die Frage zu stellen: Was will ich erreichen? Viel wichtiger ist: Was können die Zuhörer aus meinem Vortrag lernen? Welche Vorteile haben sie hierdurch? Was interessiert die Zuhörer?

Wie wichtig dies ist, ergibt sich auch aus der richtig angewandten Fragetechnik. Jeder Mensch spricht sehr gern von sich und seinen Interessen. Jeder Mensch hat auch ein wenig das Gefühl,

---

[8] Nicht umsonst wird der Sie-Standpunkt im Verkaufsgespräch besonders gepflegt. Siehe hierzu: Ruhleder, Rolf H., Einfach besser verkaufen, München 2001.

dass er der Mittelpunkt der Welt ist. Inzwischen gibt es jedoch mehr als sieben Milliarden „Mittelpunkte" auf unserer Erde!

Nachfolgend einige Beispiele, wie Sie in Zukunft Ihre Rede persönlicher gestalten können.

Statt:	**Besser:**
„Ich kann Ihnen hierzu Folgendes aus meiner Praxis erzählen ..."	„Sie können hieraus Folgendes für Ihre Praxis verwenden ..."
„Ich möchte folgenden Gedankengang ausführen ..."	„Für Sie ist bestimmt folgender Gedankengang von Interesse ..."
„Ich möchte nicht zu weit abschweifen, doch ich ..."	„Zusätzlich zu unserer Thematik erfahren Sie noch ..."
„Ich sehe dies unter folgenden Aspekten ..."	„Für Sie ergeben sich meines Erachtens folgende Aspekte ..."
„Ich kann mich diesen Argumenten nicht anschließen."	„Mit folgenden Argumenten können auch Sie meines Erachtens nicht übereinstimmen ..."

Noch ein weiterer Tipp: Versuchen Sie, das unpersönliche „man" aus Ihrem Wortschatz zu streichen. Sie finden bestimmt eine bessere persönliche Anrede. Meist werden Sie „man" durch „Sie" ersetzen können.

Zum Beispiel:

„Man kann hoffentlich aus diesem Abschnitt viele Lehren ziehen."

Besser: „Sie können hoffentlich aus diesem Abschnitt viele Lehren ziehen."

Klingt Letzteres nicht besser?

Nur bei Verallgemeinerungen und kritischen Stellungnahmen zu gewissen Äußerungen Ihrer Zuhörer verwenden Sie das unpersönliche „man".

Statt: „Sie sagen bestimmt sehr oft ..."
Besser: „Man sagt bestimmt sehr oft ..."

Statt: „Sie sollten das noch einmal genau überprüfen, bevor Sie …"
Besser: „Man sollte das noch einmal genau überprüfen, bevor man …"

12. Strahle ich Sicherheit und Selbstbewusstsein aus?

Ein nervöser, fahriger Referent kann selbst einen inhaltlich brillanten Vortrag zunichte machen. Deshalb nochmals zur Wiederholung: Üben Sie sich in Selbstbejahung. Sagen Sie sich: „Ich schaffe meine Rede!" (siehe Kap. „14 Regeln gegen das Lampenfieber")

Wenn Sie die nachfolgenden acht Grundsätze beachten, so können Sie in Zukunft manche Unsicherheit zu Beginn bzw. während einer Rede „überspielen":

1. Sprechen Sie erst, wenn Sie Ihren Standort eingenommen haben.
2. „Sammeln" Sie – bevor Sie sprechen – kurz die Blicke Ihrer Zuhörer.
3. Versuchen Sie, eine positive, angemessene Mimik einzusetzen.
4. Stehen Sie gerade und aufrecht. So können Sie besser atmen.
5. Sprechen Sie niemals leise, falls Sie dies nicht als Mittel, um die Aufmerksamkeit Ihrer Zuhörer zu wecken, einsetzen. Halten Sie also Ihre Lautstärke.
6. Setzen Sie gekonnt weite Armbewegungen oberhalb der Gürtellinie ein (siehe auch „Gestik"). Diese Gesten sind für den unbefangenen Zuschauer ein untrügliches Zeichen für die Sicherheit des Sprechenden.
7. Halten Sie grundsätzlich Blickkontakt mit den Zuhörern.
8. Lernen Sie den Beginn und das Ende der Rede auswendig. (Drei bis fünf Sätze genügen schon, um sich sicherer zu fühlen.)

13. Nutze ich audiovisuelle Hilfsmittel?

Wann immer es geht, nutzen Sie die Möglichkeiten der audiovisuellen Darstellung, z. B. mittels Flipcharts, Whiteboard bzw.

Laptop, Tablet oder Smartphone mit Beamer. Auch CD- und DVD-Player sind Möglichkeiten, Ihre Rede aufzulockern. Überschätzen Sie nicht die Wirkung Ihrer Worte: Nach einem halben Jahr erinnern sich Ihre Zuhörer an nur noch ca. 10 Prozent vom Inhalt Ihrer Rede. Interesse an Ihrem Vortrag muss allerdings noch hinzukommen, sonst werden nach einem halben Jahr keine 5 Prozent Wissen übrig bleiben.

Durch den Einsatz audiovisueller Hilfsmittel wird die Gedächtnishaftung auf 30 bis 40 Prozent erhöht. Haben Sie zum Beispiel die Möglichkeit, Thesen auszugeben und Ihre Zuhörer in Ihr Referat einzubinden und zu aktivieren, so ist die Wirkung Ihrer Rede entschieden besser und die Gedächtnishaftung entschieden höher: ca. 60 bis 70 Prozent Ihrer Rede werden von den so aktivierten Zuhörern noch behalten.

Bei einer Großveranstaltung des Autors haben mehr als 10.000 Zuhörer „mitspielen" dürfen, d. h. es wurden kurze rhetorische und körpersprachliche Übungen mit den Nachbarn und Vorderleuten durchgeführt. Das Ergebnis war, dass alle Teilnehmer das Gefühl hatten, im Mittelpunkt zu stehen. So wurde der zweistündige „Vortrag" als besonders positiv bewertet.

14. Stimmt meine Zeiteinteilung?

Grundsätzliche Fragen bei der Zeiteinteilung eines Vortrags sind: Komme ich mit meiner (vorgegebenen) Zeit hin, oder beende ich meine Ausführungen zu früh? Prüfen Sie aber auch, inwieweit der zeitliche Aufbau innerhalb Ihrer Rede stimmt. Die Einleitung und der Schluss Ihrer Ausführungen sollten zusammen nicht mehr als ein Viertel Ihrer Redezeit in Anspruch nehmen. Notieren Sie am besten auf jedem Stichwortzettel, wie lange dieser „ausreichen" soll (s. Kap. „Der Stichwortzettel").

Schlimm ist es, wenn Sie die vorgegebene Redezeit überziehen. Lange Reden zeugen nicht von Selbstsicherheit, sondern sind ein Zeichen von Undiszipliniertheit und unsozialem Verhalten: Die Geduld der Zuhörer wird strapaziert. Fremde und eigene Zeitvorgaben sind unbedingt einzuhalten. Nehmen Sie sich selbst nicht zu wichtig.

15. Zeige ich Engagement?

Aus jeder Rede lässt sich die innere Einstellung und Überzeugung des Redners zur Thematik heraushören. Egal, ob es sich um eine Informations-, Meinungs- oder Überzeugungsrede handelt, versuchen Sie immer, persönliches Engagement und Dynamik in Ihre Ausführungen zu legen. Die Teilnehmer müssen den Eindruck gewinnen, dass es Ihnen ernst ist mit dem, was Sie vortragen, und dass Sie persönlich voll hinter dem stehen, was Sie sagen.

Gerade dieser Punkt ist besonders wichtig für den Erfolg Ihrer Rede: Ihre Glaubwürdigkeit ist entscheidend.

> „In dir muss brennen, was du in anderen entzünden willst!" (Aurelius Augustinus)

16. Habe ich einen guten Schluss bzw. Abgang?

Noch einmal: Der erste Eindruck ist entscheidend, und der letzte bleibt! Aus diesem Grund bereiten Sie sich besonders intensiv auf Beginn und Ende Ihrer Rede vor. Dies gibt Ihnen das Gefühl der Sicherheit, weil Sie sich nicht auf Ihren Stichwortzettel konzentrieren müssen. Wie schade wäre es, wenn ein Zuhörer am Ende Herodot („Die Spartaner") zitieren würde: „Den Anfang Eurer Rede haben wir wieder vergessen und das Letzte nicht verstanden." Schlecht auch, wenn Sie so etwas wie die sarkastischen Worte eines Seminarteilnehmers anlässlich eines mit Fremdwörtern gespickten Vortrags hören würden: „Zu Beginn war ich verwirrt, am Ende auch, jedoch auf einem höheren Niveau."

Schließen Sie Ihre Rede nie mit einer Floskel („Ich meine, das war's" oder „Jetzt bin ich am Ende"), und bedanken Sie sich nur in Ausnahmefällen für die Tatsache, dass die Zuhörer Ihren Ausführungen gefolgt sind. Das ist besonders unnötig, wenn das Publikum keine andere Wahl hatte (z. B. bei Tischreden, Firmenansprachen etc.). Eine Ausnahme ist für mich eine Vortragsreihe: Wenn sich alle Vorredner für die Aufmerksamkeit bedankt haben, so können Sie auf diese „Danksagung" nicht verzichten.

Hier noch einmal eine Checkliste, die Sie dabei unterstützen soll, an die dargestellten 16 Punkte zu denken.

Checkliste: 16 Punkte für meine Rede

		Beachtet	Nicht beachtet
1	Äußeres	☐	☐
2	Auftreten	☐	☐
3	Beginn bzw. Anrede	☐	☐
4	Dialekt	☐	☐
5	Blickkontakt	☐	☐
6	Gestik	☐	☐
7	Körperhaltung	☐	☐
8	Sprechtechnik	☐	☐
9	Pausentechnik	☐	☐
10	Gehalt der Rede, Inhalt der Rede	☐	☐
11	Sie-Standpunkt	☐	☐
12	Selbstvertrauen, Sicherheit	☐	☐
13	Audiovisuelle oder visuelle Hilfsmittel	☐	☐
14	Zeiteinteilung	☐	☐
15	Engagement, Dynamik	☐	☐
16	Schluss bzw. Abgang	☐	☐

Weitere Punkte:

17		☐	☐
18		☐	☐
19		☐	☐
20		☐	☐
21		☐	☐

Wer gegen den Strom schwimmt, muss einiges schlucken können. (–)

Nur wer gegen den Strom schwimmt, kommt zur Quelle. (+)

Nur gegen den Wind ist Aufstieg möglich. (+)

VII. Negatives positiv ausdrücken

Ein Vortrag oder eine Diskussion wird nur dann erfolgreich verlaufen, wenn eine entspannte Atmosphäre und eine positive Stimmung herrschen. Rhetorik – die Kunst zu reden – kann nur „ankommen", wenn die Zuhörer bereit sind, Ihren Beitrag positiv – unter Umständen auch kritisch – zu würdigen. In einer vergifteten Atmosphäre können Sie noch so gut argumentieren und sachlich im Recht sein – wenn der Zuhörer oder Gesprächspartner aggressiv gestimmt ist und sich in die Enge getrieben fühlt, haben Sie keine Chance, zu einem für beide Seiten akzeptablen Ergebnis zu kommen.

Ein sehr wichtiges Hilfsmittel, um eine positive Stimmung zu erzeugen, ist die Verbesserung der eigenen Ausdrucksweise. Sie können alles Negative auch (ein wenig) positiv ausdrücken. Sie können z. B. an dieser Stelle des Buches stöhnend feststellen, dass Sie erst ungefähr ein Drittel gelesen haben. Sie können aber auch Ihre Freude darüber zum Ausdruck bringen, dass Sie noch etwa zwei Drittel Interessantes zu lesen haben! Wer kennt nicht den Pessimisten, der vor einem „halb leeren" Glas sitzt. Wie gut hat es dagegen der Optimist, der noch in ein „halb volles" Glas schaut!

Das Gleiche gilt für zwei Schuhverkäufer, die nach Afrika geschickt werden. Was meldet der negativ eingestellte Verkäufer nach Deutschland? „Kein Markt vorhanden, alle laufen barfuß. Schade um die Flugkosten, bin umgehend zurück. Wie konnten Sie mich nur nach Afrika schicken?"

Der Optimist dagegen meldet: „Riesenmarkt in Afrika vorhanden, alle laufen barfuß. Wir bieten mit unseren hervorragenden Schuhen Schutz gegen Sand und Dornen. Schickt sofort 3.000 Paar Schuhe. Werde noch eine Zeit in Afrika verbringen!"

Insbesondere in der Verkaufsrhetorik gibt es viele Beispiele, wie Sie aus dem Minus ein Plus machen können.

- Statt: Unser Geschäft ist heute Nachmittag geschlossen. Besser: Unser Geschäft ist vormittags geöffnet.
- Statt: dünn – normal – dick (bei Kleidergrößen). Besser: schlank – normal – betont weiblich
- Auch „Komfortgröße" verkauft sich besser als „Übergröße".

In anderen Bereichen ist es ganz ähnlich:

- Sie können jemanden im Rahmen einer Diskussion zum Schreiber „degradieren". Wie viel besser klingt es jedoch, wenn Sie ihn zum „Schriftführer" oder „Protokollführer" ernennen.
- Klingt nicht auch „Verbrauchertipps" viel eleganter als „Werbung" oder „Reklame"?
- Sie können bei der Frage: „Was wollen wir heute Abend unternehmen?" sagen, dass Ihnen nichts einfällt. Sie können sich aber auch viel eleganter aus der Affäre ziehen: „Da verlasse ich mich ganz auf dich."
- Förderstunde klingt auch besser als nachsitzen!
- Ein großer Warenhauskonzern spricht vom Inventurmanko (+). Wer weiß schon, dass sich hinter diesem Wort die Verluste aus Kaufhausdiebstählen (–) verbergen?
- Ein Mitarbeiter kann belehrt werden (–). Sie können ihn aber auch über bestimmte Dinge informieren (+) oder auch „einige Punkte erläutern" (+).
- Viele Würstchenbuden (–) wurden – durch ein Schild – zum Schnellimbiss (+). Manche sogar zur Snack-Bar (+).
- Die Beurteilung der Mitarbeiter wurde in einer Frankfurter Behörde nach drei Noten abgestuft: sehr gut – gut – schlecht (–). Besser: sehr gut – gut – weniger gut (+)
- Wer spricht schon gern von der „Konkurrenz"? Handelt es sich hier nicht um „Mitbewerber" oder sogar um „Marktpartner"?
- Wer hat nicht schon einmal zu Hause eine Suppe bekommen, die zu scharf gewürzt war? Wie wäre es, wenn Sie Ihrem Mann/Ihrer Frau diplomatisch sagen, dass die Suppe „besonders feurig" war?

- Ist es nicht schöner, eine einwöchige Reise „schon für 800 Euro" angeboten zu bekommen als eine Reise, die es „ab 800 Euro" gibt?

Diese sich durch alle Bereiche des privaten und beruflichen Lebens ziehenden Beispiele mögen Ihre Aufmerksamkeit für Ihre eigene Ausdrucksweise schärfen.

Negatives positiv ausdrücken

Zielsetzung:

1. Negative Formulierungen positiv ausdrücken
2. Anreicherung des aktiven Wortschatzes

Bisher (negativ):	In Zukunft (positiv):
1. Einwand	____________
2. nicht geschafft	____________
3. nicht gestattet	____________
4. sich streiten	____________
5. schlecht – gut – ausgezeichnet	____________
6. Tricks	____________
7. belehren	____________
8. Wir müssen befürchten …	____________
9. nachmittags geschlossen	____________
10. halb leer	____________
11. Konkurrenz	____________
12. Werbung	____________
13. altern	____________
14. Hose ist zu groß	____________
15. strohdumm	____________
16. in den Vordergrund schieben	____________
17. Spion	____________
18. unfähig	____________
19. Schmiergelder	____________
20. Würstchenbude	____________
21. Schreiber	____________
22. durchtrieben	____________
23. ab 500 Euro	____________

24. nichtssagend ____________
25. scharf gewürzt ____________

Lösungsvorschläge:

1. Frage, Diskussionsbeitrag
2. noch zu erledigen, bis jetzt erreicht
3. nur mit Erlaubnis, erlaubt für
4. argumentieren, diskutieren
5. weniger gut – gut – ausgezeichnet
6. Methoden, Vorschläge, Tipps
7. informieren, Erfahrung weitergeben
8. Wir können hoffen …
9. vormittags geöffnet
10. halbvoll
11. Mitbewerber
12. Verbrauchertipps
13. reifen, an Lebenserfahrung gewinnen
14. „Wächst noch hinein"
15. nicht besonders intelligent, mehr praktisch begabt
16. sich profilieren
17. Agent, Informant
18. besser geeignet für
19. Auftragsbeschaffungskosten, Wettbewerbsverdrängungsvergütung
20. Imbiss, Snack-Bar
21. Schriftführer, Protokollführer
22. clever, gewieft, pfiffig
23. schon für 500 Euro
24. allgemein gehalten, mit Leben füllen
25. feurig, pikant, rassig

Der Atem ist der Regler aller Dinge.
(Indischer Spruch)

VIII. Die Atemtechnik und Entspannungsatmung[9]

Jeder Redner, dem der Atem ausgeht, die Stimme wegbleibt oder der Mund trocken wird, merkt seine eigene Unsicherheit. Hierdurch zieht er direkt oder indirekt auch seine Zuhörer in Mitleidenschaft. Angstatem, Räusperzwang und Nuscheln können sich übertragen und lähmend wirken.

Umgekehrt: Das herzhafte Gähnen oder das zwerchfellerschütternde Lachen in einer fröhlichen Runde greifen auch auf die Zuhörer über – sehr oft sogar, bevor die Zuhörer überhaupt begreifen, worüber sie „mitgelacht" haben.

Wie können Sie nun der stimmlichen Forderung gerecht werden, schnell, mühe- und geräuschlos wieder zu Luft zu kommen? Die Einatmung dient lediglich der Sauerstoffaufnahme zwecks Energieerzeugung. Von der Atemergänzung und dem kontrollierten Abgeben der Luft während der Stimmtätigkeit hängt der „lange Atem" ab.

Bei richtiger Atemtechnik muss der Schwerpunkt auf der Ausatmung liegen: Reden ist tönendes Ausatmen. Dies ist mit einem Pendel vergleichbar. Der Anstoß genügt, Ausschwingen und Umkehr ergeben sich von selbst.

Nach diesem natürlichen Prinzip schreien Neugeborene stundenlang ohne sichtliche Ermüdung und Heiserkeit. Wie stark ist heute dagegen das schnappende Luftholen bei Vorträgen und Reden noch verbreitet! Hören Sie sich doch einmal Ihren nächsten Vortrag daraufhin an. Woher kommt das „Schnappen"?

1. Im beruflichen Bereich ist nochmals „tief Luft holen" vor einer schwierigen Aufgabe als guter Rat noch weit verbreitet.
2. Im militärischen Bereich gilt noch immer: „Brust raus – Bauch rein – tief einatmen!"

Das Gegenteil von dem, was wir wollen, wird erreicht: statt **Ent**spannung **Ver**spannung.

Es ist also falsch, bei der Atemtechnik mit dem Willen regulierend eingreifen zu wollen. Die buddhistische Betrachtung über

[9] Diese Ausführungen sind zum großen Teil Erkenntnisse aus dem Seminar „Grundlagen der Rhetorik" der Akademie für Führungskräfte mit Prof. Dr. Horst Coblenzer.

Ein- und Ausatmen kann Ihnen helfen, zur Entspannung zu kommen: „Lang einatmend … atme ich aus.“[10]

Nochmals: Die Atemnot unserer Zeit heißt also Ausatmungsnot. Reden wir doch mit Recht von Entspannung und Entschlackung, so wird noch immer bei der Atemtechnik das Gegenteil gelehrt: tief einatmen. Wir müssen uns also um das „Dampf ablassen“ bemühen. Dabei gilt es, durch eine verlängerte Ausatmung den Impuls für die Einatmung „anzureizen“.

Merken wir uns zusätzlich:

1. Kein Luftholen vor Beginn des Redens.
2. Nicht zu viele Wörter in einem Atemzug sprechen.
3. In Ihrer normalen Stimmlage kleine Abschnitte sprechen. Abwarten, bis sich die Luft von selbst ergänzt hat.

Übung vor Vorträgen

Hier eine wertvolle Übung, die ich bei dem Jesuiten Pater Hänsli gelernt habe. Sie hat mir schon sehr oft bei Vorträgen vor mehr als 1.000 Teilnehmern geholfen. Diese Übung sollte an frischer Luft, im Freien oder auch am offenen Fenster stattfinden:

1. Stehen Sie aufrecht und legen Sie die Hände links und rechts seitlich auf den Bauch.
2. Atmen Sie tief ein und aus. Wenn Sie eine gute Atmung haben, hebt sich die Bauchdecke beim Einatmen.
3. Führen Sie nun die Arme seitlich am Kopf nach oben.
4. Gehen Sie schwungvoll in die Knie und nehmen Sie die Arme dabei genauso schwungvoll nach unten, so dass Sie in eine Art Skispringerhaltung kommen. Atmen Sie bei dieser Gelegenheit tief aus.
5. Dies wiederholen Sie bitte 10- bis 15-mal.

Zu Beginn führen Sie diese Übungen bitte nur mit wenigen Wiederholungen durch, denn das abrupte In-die-Knie-Gehen kann auch zu Gleichgewichtsstörungen führen, wie mir meine Seminarteilnehmer mitteilten.

[10] Diese und nachfolgende Erkenntnisse stammen aus dem Seminar „Die Technik der geistigen Arbeit“ von Professor Reinhard Höhn.

IX. Der Gebrauch von Fremd- und Modewörtern, Höflichkeitsfloskeln, Konjunktiven und Anglizismen

„Deutscher, sprich Deutsch" ist eine uralte Regel und gilt auch jetzt noch. Viele Redner meinen, dass sie sich aufgrund ihrer Position und ihres Images etwas vergeben, wenn sie die entsprechenden Begriffe der deutschen Sprache verwenden.

Dies ist zwar grundlegend falsch, doch sollten Sie nicht den Stab über diese „Fremdwörter-Spezialisten" brechen. Ein Fremdwort zur rechten Zeit kann die Aufmerksamkeit und das Interesse des Zuhörers wecken. Schließlich gibt es Fachbegriffe, die sich nicht eindeutschen lassen, oder solche, die schon in die deutsche Sprache aufgenommen sind.

Urteilen Sie selbst:

Fremdwörter?

Vorschlag eines örtlichen „Vereins für Sprachpflege". Ein Auszug aus dem Vokabular der Sprachreiniger:

Container Terminal = Behälter-Bahnhof

Serviette = Zwehlchen

Hostess = Fremdendienerin

Delikatessen = Leckerwaren

Boutique = Lädchen

Intercity = Städte-Blitz

Park-and-ride = Abstellfahrt

Pistole = Meuchelpuffer

„Unsere Sprache sollte reiner werden. Sollten wir wirklich für die Worte ‚soupieren', ‚genieren', ‚Doktrin' und ‚apathisch' keine gleichbedeutenden deutschen Ausdrücke haben?", fragte schon Friedrich Schiller vor 200 Jahren und bewies damit, dass der Feldzug zur Reinhaltung einer Sprache keinesfalls erst in jüngster Zeit gestartet wurde. Überhaupt: Schiller gilt unter den deutschen Dichtem als derjenige, der die meisten Fremdwörter benutzte.

Ohne fremde Anlehnung kommt kein Idiom aus. Die Deutschen haben „Rationalisierung" und „Konzeption" – nur kennt jeder dritte von ihnen nach einer Untersuchung der Leipziger Monatszeitschrift „Sprachpflege“ nicht deren richtige Bedeutung.

Auch in früheren Jahrhunderten wurde immer wieder versucht „Fremdwörter“ zu ersetzen. Philipp von Zesen versuchte im 17. Jahrhundert, alle Fremdwörter auszumerzen. Er ersetzte zum Beispiel:

Vater	durch	Pflanzherr
Fenster	durch	Tagesleuchter
Schornstein	durch	Jungfernzwinger
Mumie	durch	Dörrleiche[11]

Gefährlich wird es nur, wenn Sie sich gegen Fremdwörter aussprechen und dann selbst ständig mit Fremdwörtern arbeiten – wie anlässlich eines Rhetorik-Seminars gehört: „Meine Damen und Herren, ich bin gegen Fremdwörter! Eine Eliminierung der Fremdwörter erscheint mir als eine conditio sine qua non“ (= notwendige Voraussetzung).

Fremdwörter, die ich laufend verwende:

____

____

____

Sind Sie zu unentschlossen? Unnütze Konjunktive

Wie viele Konjunktive verwenden Sie in Ihrer Rede? Besonders bekannt sind die Formulierungen:

Ich würde sagen … Ich würde meinen …
Ich würde nun beinahe glauben … Ich könnte mir vorstellen …

Vergessen Sie die Konjunktive. Nur in Verkaufsgesprächen ist es besser zu sagen: „Ich würde sagen, dass Ihnen der Hut sehr gut steht, gnädige Frau!“ Gefällt er nicht, so haben Sie – als Verkäufer – sich noch nicht endgültig festgelegt und die gnädige Frau kauft ein anderes Modell!

Auch in Anzeigen (hier aus der FAZ) finden wir den falschen Konjunktiv:

---

[11] Siehe Lemmermann, Heinz, Lehrbuch der Rhetroik, München, S. 88

Wir wären am Kauf von Verträgen
von Mercedes-Käufern (alle Modelle) und von Käufern mit Option auf baldige Lieferung interessiert. Wir zahlen eine attraktive Provision für ihre Verträge. Bitte rufen Sie an oder schreiben Sie eine E-Mail!

Kommen Sie ohne übertriebene Höflichkeitsfloskeln aus?

In einem persönlichen Gespräch ist das „dürfen" eine Form der Höflichkeit („Darf ich Sie zum Essen bitten?"). Es wirkt jedoch in einem Vortrag dominierend und belehrend („Darf ich Sie um Ihre Aufmerksamkeit bitten?"). Außerdem verlängert dies – unnötig – Ihre Ausführungen.

Modewörter – echt gut?

Überprüfen Sie einmal, ob Sie bestimmte Schlagwörter nicht zu häufig anwenden. Selbst in einer kleinen Stellenanzeige tauchte gleich zweimal das Wort „echt" auf. Ist das nicht „echt gut"?

Modewörter sind zum Beispiel: „in", „out", „kein Thema", „alles klar", „nein – oder?" „kein Problem", „echt", „nicht wirklich"

Folgende Modewörter benutze ich:

____

____

Auch die Verben „machen" oder „tun" sollten Sie durch passendere Begriffe ersetzen.

„In der Musik des Gespräches dient die Aufmerksamkeit des Hörers als Begleitung." (Goubert)

Sind Sie ein Anglizismen-Fan?

Anglizismus – schon wieder ein Fremdwort und nicht für jedermann verständlich. „In unserer Agenda werden wir über verschiedene Basics sprechen, auf die Benchmarks eingehen und Dos and Don'ts behandeln." Diesen Einstieg haben wir zuletzt bei einem mittelständischen Unternehmen erlebt.

Auch ich musste mich dem Trend anpassen und habe in meinen Seminaren das schöne Wort „Konferenz" durch „Meeting" ersetzen müssen. Es gilt jedoch weiterhin: Deutscher, sprich Deutsch … wenn ein Wort nicht bereis in den allgemeinen Sprachgebrauch eingegangen ist.

Bereits in den allgemeinen Sprachgebrauch eingeflossen und zum Teil schwer zu ersetzen:

Agenda
Carport
Callcenter
Event
Flatrate
Lifestyle
Meeting
No-go
Outfit
Public Viewing
Sale
Second-Hand-Shop
Sixpack
Small-Talk

Im Kommen (leider):
Basics
Benchmark
Deadline
Doggybag
Eye-Catcher
Dos and Don'ts
Fly
Headset
Peanuts
Setcard
To-do-Liste
Take-away
Wording

X. Wie fessle ich meine Zuhörer? 15 Ratschläge

Wem ist es noch nicht passiert, dass ihm das Zuhören während eines Vortrags schwerfiel und die Konzentration plötzlich rapide nachließ. Spätestens jedoch, wenn Sie vorn stehen und Ihnen ein Teil des Auditoriums „zunickt" (d.h. der Kopf sinkt leicht nach vorn!), sich angeregt unterhält oder seine Nachbarn im Zuhörerkreis intensiv mustert, dann wissen Sie, dass Sie die nachfolgenden Punkte nicht ausreichend berücksichtigt haben.

Sie können über alles reden – nur nicht über 20 Minuten, denn „Getretener Quark wird breit, nicht stark" (Goethe). Dieser Spruch hat gerade in der heutigen Zeit noch an Bedeutung gewonnen. Versuchen Sie, Ihre Ausführungen möglichst präzise und kurz zu halten. Beachten Sie die Ihnen vorgegebene Zeit. Nichts ist schlimmer als ein Redner, der kein Ende findet!

Ratschlag 1: Legen Sie eine Sprechpause ein!

Eine Sprechpause kann Wunder wirken. Vor allem nach Fragen an Ihr Publikum halten Sie inne, lächeln Sie oder fixieren Sie die „Schläfer". Wenn Sie merken, wie ein Ruck durchs Publikum geht, fahren Sie fort und geben die Antwort selbst.

Ratschlag 2: Kündigen Sie einen Höhepunkt oder eine Pause an!

Das Ankündigen von Höhepunkten oder Pausen ist gerade bei längeren Vorträgen notwendig, denn so stimulieren Sie noch einmal die schwindende Aufmerksamkeit Ihrer Zuhörer. Spätestens nach drei bis fünf Minuten muss dann aber wirklich etwas sehr Interessantes oder die versprochene Erfrischungs- oder Erholungspause kommen.

Ratschlag 3: Ändern Sie Ihre Sprechweise!

Am meisten hilft es, wenn Sie kürzere Sätze formulieren. Ihr Vortrag wird für Ihre Zuhörer deutlich lebhafter, denn Ihre Stimme senkt und hebt sich nun öfter. Sprechen Sie auch mal schneller und dann wieder langsamer. Und variieren Sie Ihre Lautstärke: Sowohl ein plötzliches Lauter- als auch ein überraschendes Leiserwerden, das natürlich auf den Redeinhalt abgestimmt sein muss, lässt Ihr Publikum aufhorchen.

Ratschlag 4: Machen Sie einen Witz, ein kleines Wortspiel, oder erzählen Sie eine kurze Anekdote!

Gerade – aber nicht nur – bei Fachvorträgen sind humorvolle Einlagen willkommen, die sich auf irgendeine Passage Ihrer Rede beziehen. Achten Sie jedoch darauf, dass Sie dann wieder zu Ihrer sachlichen Aussage zurückfinden.

Ratschlag 5: Machen Sie bewusst eine falsche Aussage!

Durch eine falsche Aussage fordern Sie aufmerksame Zuhörer heraus, deren Protest Leben in Ihr Publikum bringen wird. Merkt jedoch keiner den „Fehler", müssen Sie Ihren Zuhörern sagen, dass Sie sie aufs Glatteis geführt haben. Ihr Publikum wird jetzt höllisch aufpassen, dass Sie ihm keinen zweiten Streich mehr spielen.

Ratschlag 6: Visualisieren Sie!

Durch den Einsatz visueller Hilfsmittel, wie Grafiken, Tabellen, Schaubilder oder auch kurzer Videomitschnitte, die Sie z. B. auf dem Flipchart zeigen oder als PowerPoint erstellen und per Laptop und Beamer in Ihren Vortrag einbauen, erhöhen Sie die Aufmerksamkeit enorm. Ihre Zuhörer können sich so drei- bis viermal so viel merken wie durch bloßes Zuhören.

Ratschlag 7: Lassen Sie Ihre Zuhörer mitdenken und mitspielen!

Skizzieren Sie zum Beispiel kurz eine Lösung A und B an der Tafel, und fragen Sie dazu die Meinung Ihrer Zuhörer durch Handzeichen ab. Schon dadurch, dass diese den Arm hochstrecken müssen, werden sie wieder aktiviert.

Ratschlag 8: Stellen Sie eine provozierende These auf!

Ähnlich wie bei Ratschlag 5 fordern Sie durch eine provozierende These Ihre Zuhörer heraus. Aber diskutieren Sie die These ernsthaft, wobei Sie sie eventuell schrittweise wieder zurücknehmen können. Ihre Zuhörer werden Ihnen kritisch – und aufmerksamer – folgen.

Ratschlag 9: Suchen Sie den Blickkontakt!

Im Notfall fixieren Sie einen Schläfer so lange, bis ihn seine Nachbarn anstoßen. Ansonsten: Greifen Sie sich eine Person links vorn, dann in der Mitte und dann wieder rechts hinten heraus, die Sie je fünf bis zehn Sekunden lang anschauen. Jeder, der bei diesen Personen sitzt, fühlt sich dann angesprochen.

Ratschlag 10: Sprechen Sie einen Zuhörer direkt an!

Indem Sie einen Zuhörer direkt ansprechen, zwingen Sie alle zur Aufmerksamkeit, da jeder um eine Antwort gebeten werden kann.

Ratschlag 11: Stellen Sie eine rhetorische Frage!

Ähnlich wie bei Ratschlag 1 erwarten Sie bei einer rhetorischen Frage keine Antwort von Ihren Zuhörern. Die Antwort sollte von vornherein sonnenklar sein. Jeder im Saal wird Ihnen beistimmen und aufmerksam folgen, da Sie auch seine Meinung vertreten.

Ratschlag 12: Machen Sie ein ungewöhnliches Geräusch!

Greifen Sie zum Beispiel ans Mikrofon und fragen Sie, ob Sie noch gut zu verstehen sind. Oder schlagen Sie einmal zur Betonung der vorhergehenden Aussage mit der Faust auf Ihr Stehpult. Das weckt selbst hartnäckige Schläfer!

Ratschlag 13: Lassen Sie frische Luft in den Vortragsraum!

Wenn gar nichts mehr hilft, lassen Sie die Fenster öffnen. Vielleicht bitten Sie gar einige Desinteressierte um diesen Dienst.

Ratschlag 14: Wechseln Sie Ihren Standort!

Entsprechend den Vorschlägen in Ratschlag 6 marschieren Sie zum Beispiel zur Leinwand, auf der Ihre PowerPoint-Präsentation zu sehen ist. Mit einem Headset können Sie auch einmal mitten in Ihr Publikum treten. Rücken Sie Ihren Zuhörern näher „auf den Pelz"! Gerade Schläferecken aktivieren Sie auf diese Weise.

Ratschlag 15 – die raffinierte Methode: Sprechen Sie den Nebenmann des Schläfers an!

Ohne dass Sie einen unaufmerksamen „Zuhörer" vor dem übrigen Publikum blamieren, können Sie ihn aufrütteln. Die Stimme seines Nachbarn wird ihn wecken, und er weiß nicht, ob er selbst noch drankommt. Dies ist sozusagen ein verschärfter Einsatz von Ratschlag 10.

Beachten Sie grundsätzlich:

Sie sollten bei Ihren Reden stets sich selbst treu bleiben und nicht einen Rederoboter spielen, der perfekt 15 Kniffe abspult. Denn Sie wollen ja menschlich wirken und eine positive Stimmung im Publikum erzeugen. Um nicht Aggressionen und solidarische Ablehnung im Publikum entstehen zu lassen, sollten Sie deshalb bei den Ratschlägen 4, 5, 8, 10 und 15 besonders vorsichtig vorgehen. Treten Sie niemandem allzu nahe!

> ! Jemand ist zu weit gegangen, wenn er Ihnen zu nahe getreten ist.

XI. Wie begegne ich Zwischenrufen und Fragen?

„Wenn Sie meinen, Sie könnten mich mit Ihrem Zwischenruf verwirren …" Der nächste Zwischenruf wird dann bestimmt lauten: „Sie sind doch schon verwirrt", und der Störenfried hat die Lacher auf seiner Seite.

Jeder Redner und Vortragende muss mit Zwischenrufen rechnen. Als oberste Regel gilt: Lassen Sie sich nicht aus der Ruhe bringen! Antworten Sie nicht mit aggressiven Formulierungen, wie zum Beispiel: „Denken Sie erst nach, bevor Sie dazwischen rufen!" oder: „Das verbitte ich mir!". Sollten Sie mehrere Zwischenrufer haben, so berücksichtigen Sie die positiven Fragen. Das kann Ihnen schon helfen, die nötige Sicherheit zurückzugewinnen.

Wenn Sie mit Zwischenrufen rechnen und nicht gerade als Gastredner eingeladen sind, sagen Sie doch nach Ihrer netten und freundlichen Begrüßung: „Wenn Sie Fragen haben, bitte stehen Sie auf, nennen Sie Ihren Namen und kommen Sie nach vorne." Der letzte Seminarteilnehmer, dem ich diesen Tipp gegeben habe, rief mich freudig an und sagte, so ruhig wäre es noch nie bei einer Hauptversammlung gewesen …

Selbstverständlich gibt es keine Patentrezepte, wie Sie bei jeder Störung und jedem Zwischenruf richtig reagieren. Die folgenden zwölf Möglichkeiten sollen Ihnen jedoch helfen, diese schwierige Situation zu meistern.

Es geht hier hauptsächlich um unangenehme Zwischenrufe, die nur das Ziel haben, den Redner aus dem Konzept zu bringen.

1. Möglichkeit: Überhören Sie den Zwischenruf.

Das Wichtigste überhaupt: Gehen Sie nicht auf jeden Zwischenruf ein! Dies gilt insbesondere, wenn es sich lediglich um ein oder zwei Zwischenrufe handelt. Spätestens nach drei oder vier lauten Kommentaren müssen Sie jedoch reagieren und eine der nachfolgenden Methoden einsetzen.

2. Möglichkeit: Antworten Sie schlagfertig.

Eine schlagfertige Antwort ist natürlich das beste Mittel, um auf böswillige Zwischenrufe zu reagieren. Von Sir Winston Churchill ist bekannt, dass er in seine Reden Formulierungen einbaute, die zum Widerspruch und Zwischenruf reizten: Sir Winston Churchill hatte sich allerdings schon vorher entsprechende „schlagkräftige" Antworten ausgedacht, die er dann sofort einsetzen konnte!

3. Möglichkeit: Überraschen Sie Ihren „Frager".

Sagen Sie „Vielen Dank", „habe damit gerechnet" … und setzen dann Ihren Vortrag fort. Auch „Ich mag Ihre Witze" wird ihn erstaunen …

4. Möglichkeit: Geben Sie die Frage bzw. den Einwand an den/die Zuhörer weiter.

Eine gute Methode, wenn Sie wissen, dass das Publikum hinter Ihnen steht! Wählen Sie zur Beantwortung des Einwandes einen Zuhörer aus, der Blickkontakt mit Ihnen hält und Ihnen zunickt. Sie können sicher sein, dass er Ihnen zur Seite steht und Ihnen helfen wird. „Können Sie mir hier helfen?" oder „Ist dies von allgemeinem Interesse?"

5. Möglichkeit: Stellen Sie Gegenfragen.

Eine gute Möglichkeit, wenn es Ihre Zeit zulässt. Lassen Sie den Zwischenrufer die Aussage nochmals wiederholen. Noch wirksamer, wenn möglich: Zwingen Sie ihn, bestimmte Formulierungen seines Ausrufs oder Einwandes zu wiederholen. Sie werden über das Ergebnis verblüfft sein; denn es ist sehr schwer, aus der Situation heraus kurz und präzise zu begründen oder zu definieren! Im Gegenteil, er wird sehr oft die Antwort geben, die er von Ihnen ursprünglich hören wollte.

6. Möglichkeit: Fangen Sie ab.

Eine weitere Methode, um Zeit zu gewinnen. Bitten Sie den Zwischenrufer, doch aufzustehen und zuerst seinen Namen, seine Position etc. zu nennen. Das hat schon manchen Zwischenrufer „beruhigt". Auch ein Dank und Lob – bei konstruktiven Zwischenrufen – für diesen Hinweis hilft Ihnen, über diesen Einwand länger nachzudenken.

7. Möglichkeit: Setzen Sie die „Ja-aber-Methode" ein.

Meiden Sie lange Ausführungen und Dialoge. Antworten Sie kurz, und benutzen Sie die „Ja-aber-Taktik":

Sprechen Sie jedoch das Wort „ja" nicht aus, sondern benutzen Sie andere, dem Gegenüber ebenfalls recht gebende Formulierungen: „Da stimme ich Ihnen zu, nur berücksichtigen Sie ..." Auch das Wort „aber" ersetzen Sie möglichst durch die Formulierungen „nur", „obwohl", „allerdings" oder „jedoch".

8. Möglichkeit: Neutralisieren Sie.

Bereiten Sie sich auf Zwischenrufe vor. Neutralisieren Sie zum Beispiel den Zwischenruf durch den Satz: „Ich habe mit dieser Frage gerechnet. Ich bin überzeugt, dass es besser und interessanter für die Zuhörer ist, wenn ich jetzt mit meinem Vortrag fortfahre."

Bringen Sie klar zum Ausdruck, dass Sie im Interesse der anderen Zuhörer jetzt keine Privatunterhaltung führen können. Wenn es geht, bieten Sie dem Zwischenrufer ein Gespräch nach dem Vortrag an. Das schafft eine positive Atmosphäre.

9. Möglichkeit: Verwenden Sie einen dialektischen Kniff.

Verweisen Sie – wenn möglich – auf den Ernst der Situation oder auch auf höhere Werte, wie Glück, Treue, Freiheit und Gesundheit, und dass dies doch wohl nicht der rechte Rahmen für Zwischenrufe sei.

10. Möglichkeit: Appellieren Sie an die Fairness gegenüber den anderen Zuhörern.

Erinnern Sie den unfairen Zwischenrufer an allgemeine Spielregeln, und fragen Sie ihn entwaffnend ehrlich, wie er sich an Ihrer Stelle verhalten würde. Das erzielt nicht nur beim „Frager" Wirkung, sondern insbesondere bei den anderen Zuhörern.

11. Möglichkeit: Gehen Sie später darauf ein.

Sagen Sie dem Zwischenrufer sehr höflich, dass Sie gerade auf diesen Aspekt noch im Laufe Ihres Vortrags eingehen werden. Nur in wenigen Ausnahmefällen ist es jedoch dann angebracht, diesen Einwand im Rahmen des Vortrags zu „vergessen". Es spricht für Sie, wenn Sie diesen Gedankengang noch zusätzlich einbauen können.

12. Möglichkeit: Notieren Sie die Äußerung.

Vermeiden Sie die Worte „Zwischenruf" und „Einwand". Sagen Sie stattdessen: „Vielen Dank für Ihre Frage!"

Noch ein Tipp:

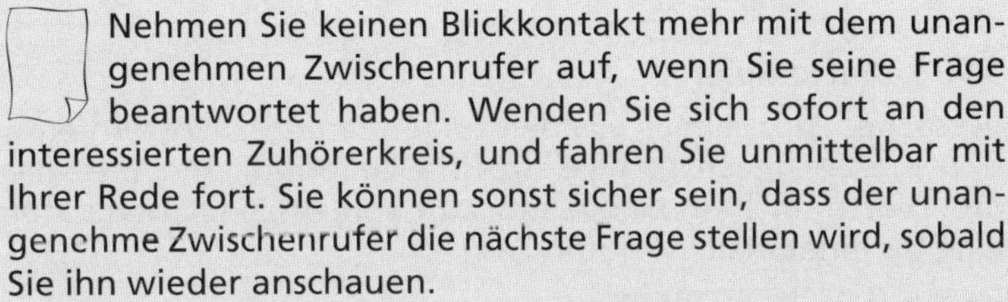

Nehmen Sie keinen Blickkontakt mehr mit dem unangenehmen Zwischenrufer auf, wenn Sie seine Frage beantwortet haben. Wenden Sie sich sofort an den interessierten Zuhörerkreis, und fahren Sie unmittelbar mit Ihrer Rede fort. Sie können sonst sicher sein, dass der unangenehme Zwischenrufer die nächste Frage stellen wird, sobald Sie ihn wieder anschauen.

Überlegen Sie sich vorher genau, inwieweit Sie Zwischenrufe beantworten können, ohne dass Sie Ihre zeitlichen Grenzen überschreiten. Ihr Stichwortzettel sollte also von vornherein so aufgebaut sein, dass es Ihnen möglich ist, bestimmte Nebenpunkte wegzulassen, damit Sie auf jeden Fall Ihren Vortrag gekonnt zu Ende bringen können.

Hier ein Beispiel aus der Praxis:

Ein Zuhörer liest während eines Vortrags in der Zeitung

Zu Beginn eines Fachvortrags in Würzburg las ein Teilnehmer in der Zeitung. Auch nach den netten Begrüßungsworten ließ er sich nicht von den interessanten Pressemitteilungen abhalten. Eine Form der Arroganz und Ignoranz, die sich der Redner – möglichst – nicht bieten lassen darf.

Aber wie lösen? Eine Idee, die mir als Zuhörer des Vortrags sofort durch den Kopf schoss: „Meine Damen und Herren, ich freue mich, dass meine Rede schon in der ‚Mainpost' abgedruckt ist."

Zweite und viel bessere Lösung des Vortragenden: Er wurde plötzlich viel leiser. Was riefen die Teilnehmer in der hinteren Reihe? „Bitte lauter!" Der Redner reagierte charmant und galant: „Bitte entschuldigen Sie, dass ich nicht lauter rede. Ich störe den Herrn hier vorne beim Zeitunglesen." Der Beifall von mehr als 300 Zuhörern war ihm sicher!

Um Ihre Sprache zu verbessern und die Spontaneität Ihrer Ausdrucksweise zu trainieren, schlage ich Ihnen folgende Übung vor:

 **3-Worte-Spiel**

Versuchen Sie, jeweils aus den folgenden drei Wörtern eine fiktive, jedoch realistische Geschichte zu formulieren. Bitte die drei Wörter nicht in einem Satz aufnehmen! Sie haben dafür eine bis eineinhalb Minuten Zeit.

Hase – Galerie – U-Boot
Student – Gänseblume – Ausrutscher
Geld – Hose – Mülleimer
Fußpilz – Nadel – Vogel
Berge – Ziege – Astronaut
Bild – Tischdecke – Gans
Kiosk – Zigarette – Strumpf
Wiener Prater – Würstchen – Blume
Kran – Liliputaner – Gefühle
Bürste – Fernsehen – Rhetorik
Presse – Igel – Schuhe
Wettbewerb – Kabel – Samen
Wochenende – Hektik – Verzicht
Telefon – Seilbahn – Aktiengesellschaft
Engel – Veilchen – Hotel

Die Lösung zur Kombination Auto – Kaffee – Gott könnte wie folgt aussehen:

Als Seminarleiter – wie als Marketingleiter – bin ich sehr viel unterwegs. Die Reisen erstrecken sich auf das gesamte europäische Ausland, von Bergen in Norwegen bis nach Bozen in Italien. Hier bietet es sich natürlich des Öfteren an, die großen Entfernungen nicht mit dem **Auto**, sondern mit dem Flugzeug zu überbrücken.

Folgende Geschichte passierte mir vor einiger Zeit auf dem Frankfurter Flughafen: Ich war – wie immer – viel zu früh da, setzte mich ins Flughafen-Restaurant und bestellte ein Kännchen **Kaffee**. Ich studierte die Tageszeitung und hoffte, dass die Zeit bis zum Abflug nicht zu lang werden würde. Innerlich hoffte ich auf eine Abwechslung. Dieser Wunsch wurde mir auch prompt erfüllt. Der Ober kam – stolperte – und goss mir den gesamten Kaffee über den Anzug. Ich konnte nichts mehr sagen und saß wie gebannt da. „Mein **Gott**", dachte ich nur, „wann und wo willst du dich denn noch umziehen? Dein Koffer ist doch schon aufgegeben."

Ich ließ den Kaffee stehen und verließ mich auf Gott: Fest davon überzeugt, dass mich ein schnelles Frankfurter Taxi zu einem Bekleidungsgeschäft und zurück bringen würde. Meine Abwechslung hatte ich bekommen ... ich bekam aber auch noch mein Flugzeug!

XII. Aktivieren Sie Ihren Wortschatz!

Wer ist nicht beeindruckt, wenn ein Redner oder Diskussionspartner während seiner Ausführungen Sicherheit ausstrahlt? Wer wünscht dann nicht, ebenso klar und präzise seine Gedanken formulieren und überzeugend vortragen zu können? Wer hofft nicht, die richtigen Worte zur richtigen Zeit am richtigen Ort zu haben? Aber umgekehrt: Wen hat noch nicht die heiße Welle der Angst überflutet, wenn ihm plötzlich während einer Rede die Worte fehlten? Zu allem kommt dann noch der hochrote Kopf. Die medizinische Erklärung hierfür ist einfach: Auf Geheiß des Gehirns produziertes Adrenalin und Noradrenalin werden in den Blutkreislauf gepumpt und führen zum sogenannten „Blackout".

Es handelt sich hier gleichzeitig um das sogenannte „Sprechdenken“: Die Luft steht schon an den Stimmbändern bereit, jedoch die Aussage fehlt noch oder ist noch nicht endgültig gedanklich formuliert. Dies führt bei uns zu dem Urlaut „äääh“, der bei vielen ungeübten Rednern allzu häufig auftaucht. Berücksichtigen wir doch, dass wir nur 25 % (Sprechen: Denken = 1 : 4) von dem sagen können, was wir denken! Sollten wir dieses Viertel nicht entsprechend formulieren können? Dies ist erlernbar, wie der Autor bei Tausenden von Teilnehmern, die seine Seminare besucht haben, innerhalb kürzester Zeit (2 bis 4 Tage) feststellen konnte. Voraussetzungen sind der feste Wille zum Üben und ein gesundes Maß an Selbstbejahung.

Eine der besten Möglichkeiten ist die Erweiterung und der Ausbau des Wortschatzes. Je größer Ihr aktiver Wortschatz, umso besser können Sie sich ausdrücken und Ihre Gedanken formulieren.

Wir können davon ausgehen, dass der gesamte Wortschatz unserer Sprache – der Sprache des 20. und auch 21. Jahrhunderts – aus ca. 300.000 bis 500.000 Wörtern besteht.[12] Wolfgang Klein, Direktor des Max Planck Instituts für Psycholinguistik und Leiter des Digitalen Wörterbuchs der deutschen Sprache spricht sogar von 5,3 Millionen Wörtern. Der gesamte Wortschatz hat im Laufe des 20. Jahrhunderts um etwa ein Drittel zugenommen.

Alle diese Wörter könnte ein Mensch theoretisch anwenden. Natürlich sind hier auch Fachbegriffe der Medizin, der Technik, der Astronomie etc. eingeschlossen. Wissen Sie zum Beispiel, was ein „Pterygium“ ist? Diesen Begriff kennen Sie wahrscheinlich nur, wenn Sie medizinisch vorgebildet sind: Es handelt sich dabei um eine Erkrankung der Augen.

Für uns sind sowohl der passive als auch der aktive Wortschatz wichtig:

- Der **passive Wortschatz** umfasst alle Wörter, die wir verstehen können, unabhängig davon, ob wir sie selbst verwenden. Der theoretisch mögliche passive Wortschatz umfasst ca. 140.000 Wörter, alle Wörter also, die wir im Duden finden. Unser persönlicher passiver Wortschatz – die Wörter, die wir einmal gehört haben und deren Bedeutung wir kennen, die wir aber

[12] Duden – Das große Wörterbuch der deutschen Sprache, CD-Rom, 4. Auflage 2012.

selbst nicht einsetzen – kann bei entsprechendem Bildungsgrad bis zu 50.000 Wörter betragen.

- Der praktische, **aktive Wortschatz** besteht aus jenen Wörtern, die wir verwenden und die wir zum Formulieren unserer Gedanken benutzen. Dieser aktive Wortschatz liegt – je nach Bildungsgrad und Übung – zwischen 8.000 und 16.000 Wörtern (Shakespeare und Goethe zum Vergleich: mehr als 20.000 Wörter). Unser aktiver schriftlicher Wortschatz – d.h. die Wörter, die wir beim Schreiben verwenden – liegt natürlich höher als der beim Sprechen, denn wir wiederholen viele Wörter und Sätze im Laufe des Tages. Mündlich stört es uns nicht, wenn wir das Produkt „echt gut" finden und zu einem „echt guten" Ergebnis gekommen sind. Schriftlich fällt es uns natürlich sofort auf, wenn wir zwei- bis dreimal die gleiche Formulierung in einer E-Mail verwenden.

Aktiver und passiver Wortschatz stellen ein Ganzes dar. Wie leicht Sie Ihren Wortschatz erweitern können, zeigt eine einfache Übung:

 **Übung: Aktivieren Sie Ihren Wortschatz**

Bitte ersetzen Sie das Wort „gehen" in den nachfolgenden 20 Beispielen durch einen passenden, lebendigen Ausdruck.

1. Die Katze geht um den Baum herum.
2. Der Betrunkene geht auf die Parkbank zu.
3. Der Offizier geht an seiner Truppe vorbei.
4. Eine alte Frau geht durch die Straßen.
5. Die Kinder gehen auf und ab.
6. Der Boxer geht schnell auf den Boxring zu.
7. Ein Dichter geht unter den Sternen spazieren.
8. Der Bär geht durch die Manege.
9. Der Mann geht über Glatteis.
10. Der Filmstar ging an uns vorbei.
11. Eine große Anzahl von Menschen geht durch den Wald.
12. Der Dieb geht schnell durch die Stadt.
13. Die Dame geht an den Schaufenstern vorbei.
14. Das Kind geht die Treppe hinunter.
15. Der Wolf geht um das Haus.
16. Der Wanderer geht durch den Schnee.
17. Der Verirrte geht durch die Dunkelheit.
18. Die Ente ging zum Wasser.
19. Der Mann ging zur Haltestelle.
20. Die Gläubigen gingen zur Wallfahrtskirche.

Lösungsvorschläge:

1. schleicht	oder	springt
2. torkelt		wankt
3. schreitet ab		paradiert
4. schlurft		hinkt
5. tollen		springen
6. eilt		tänzelt
7. wandelt		ergeht sich
8. tapst		trottet
9. schlittert		rutscht
10. stolzierte		schwebte
11. wandert		durchstreift
12. hetzt		hastet
13. schlendert		flaniert
14. fällt		stolpert
15. streicht		schleicht
16. stapft		bahnt sich den Weg
17. tastet sich		läuft
18. watschelte		wackelte
19. steuerte auf … zu		rannte
20. pilgerten		zogen

Hier ein paar weitere Möglichkeiten zum Üben:

 **Weitere Wortfelder**

Möglichkeiten zum Üben sind z.B. die Begriffe „heiraten", „dick", „müde". Finden Sie auch hier jeweils mindestens 20 ähnliche oder gleichbedeutende Begriffe!

Eine weitere Trainingsmöglichkeit bietet der folgende 4-Stufen-Plan:

1. Stufe: Halblautes Lesen von Zeitungen und Zeitschriften (z.B. Wirtschaftsteil oder Fachzeitschriften).

Das Ziel ist die gedächtnis- und verstandesmäßige Erfassung der einzelnen Begriffe, z.B. der deutschen Wörter (Grenzkosten) und der Fremdwörter (Frustration, Konsumerismus etc.). So erweitern Sie Ihren passiven Wortschatz.

2. **Stufe:** Ersetzen Sie die neuen, unbekannten Wörter in der Zeitung durch andere – Ihnen bekannte – Begriffe mit gleicher Bedeutung.
3. **Stufe:** Ersetzen Sie umgekehrt alle allgemeinen Begriffe im Text durch Ihnen bekannte sinnverwandte Wörter. So erweitern Sie Ihren aktiven Wortschatz. Der zuvor erweiterte passive Wortschatz wird durch Aufnahme in den Sprachgebrauch zum aktiven Wortschatz.
4. **Stufe:** Schreiben Sie einen Zeitungsartikel einfach mal um. Als vortreffliches Beispiel zum Üben eignen sich hier besonders Sportberichte. (Sie haben sehr oft den gleichen Wortlaut.) Schreiben Sie doch einmal einen Bericht über ein Fußballspiel um!
5. **Stufe:** Vergessen Sie nicht die Medien wie Fernsehen und Rundfunk oder das auch jetzt noch immer wichtiger werdende Internet.

Nachfolgend eine Checkliste, die Ihnen Auskunft gibt, ob Sie an der Erweiterung Ihres Wortschatzes arbeiten:

Checkliste: Erweitern Sie Ihren Wortschatz regelmäßig?

	Ja	Nein
1 Lesen Sie regelmäßig?	☐	☐
2 Lesen Sie neben Fachbüchern auch Belletristik?	☐	☐
3 Lösen Sie Kreuzworträtsel?	☐	☐
4 Haben Sie sich schon öfter auf einem Tonträger gehört?	☐	☐
5 Nutzen Sie häufiger die Chance, aktiv in Debatten und Diskussionen einzugreifen?	☐	☐
6 Sind Sie sicher, dass Ihre Berichte nicht zu nüchtern sind?	☐	☐
7 Nutzen Sie die Medien Fernsehen und Internet regelmäßig?	☐	☐
8 Haben Sie in den vergangenen zwölf Monaten mindestens fünf gute Redner gehört?	☐	☐

9 Haben Sie in den letzten drei Monaten ein gutes Theaterstück (besser: mehrere gute Theaterstücke) gesehen? ☐ ☐

10 Lassen Sie Ihren Wortschatz (Ihre Äußerungen) durch andere kritisieren und überprüfen? ☐ ☐

11 Ist Ihnen ein besonders großer (kleiner) Wortschatz bei Gesprächspartnern schon jemals aufgefallen? ☐ ☐

12 Ich erweitere meinen Wortschatz durch: ☐ ☐

Mindestens sieben dieser 11 Fragen sollten Sie mit einem klaren Ja beantworten können. Ist dies nicht der Fall, so fangen Sie mit der einfachen ersten Übung an und nehmen Sie aus dieser Checkliste nacheinander einzelne Zielsetzungen für sich heraus, z. B. zu Nr. 10: „Ab sofort höre ich meinen Mitmenschen kritischer zu, um ihren Wortschatz zu überprüfen."

Nutzen Sie jede sich bietende Gelegenheit, um in Diskussionen und Gesprächsrunden das Wort zu ergreifen, und achten Sie in Zukunft auf den Wortschatz Ihrer Gesprächspartner.

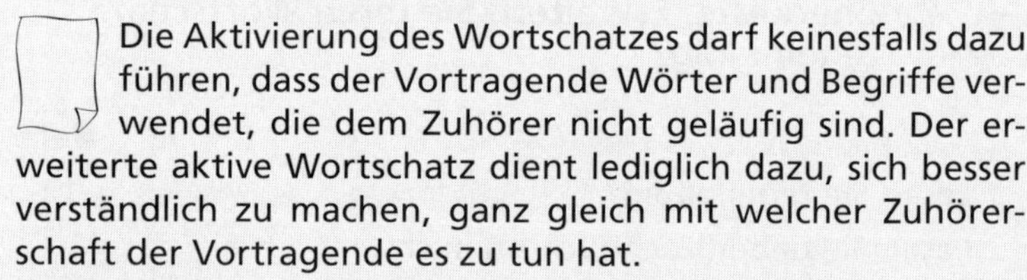

Die Aktivierung des Wortschatzes darf keinesfalls dazu führen, dass der Vortragende Wörter und Begriffe verwendet, die dem Zuhörer nicht geläufig sind. Der erweiterte aktive Wortschatz dient lediglich dazu, sich besser verständlich zu machen, ganz gleich mit welcher Zuhörerschaft der Vortragende es zu tun hat.

Formulieren Sie so schlicht und einfach wie nur möglich. Richten Sie Ihre Rede auf Ihren Zuhörerkreis aus und reißen Sie ihn mit!

Ein Mediziner, der seine Zuhörer (Laien) mit Fachbegriffen wie Gastritis, Duodenitis, Laryngitis etc. füttert, ist bald am Ende. Er verliert jeden Kontakt und wundert sich dann über seine „ungebildeten" Zuhörer statt über sich selbst.

✎ Übung: Wortfeld „sterben"

Finden Sie 20 gleichbedeutende Begriffe für „sterben", „gestorben" (keine Todesursachen wie „erhängen", „erschießen" etc.).[13]

1. ____________________
2. ____________________
3. ____________________
4. ____________________
5. ____________________
6. ____________________
7. ____________________
8. ____________________
9. ____________________
10. ____________________
11. ____________________
12. ____________________
13. ____________________
14. ____________________
15. ____________________
16. ____________________
17. ____________________
18. ____________________
19. ____________________
20. ____________________

Lösungsvorschläge (Auswahl):

dahingerafft
verenden
ins Jenseits gehen
nicht mehr unter uns weilen
zu den Ahnen versammelt werden
verblichen
die Augen für immer schließen
abberufen werden
über die Wupper gehen
vom Sensenmann geholt werden
dahinscheiden
in die ewigen Jagdgründe eingehen

dem Leben entsagen
in den Himmel kommen
zu Grabe tragen
ableben
über den Deister gehen
ins Walhall eingehen
von hinnen gehen
eingehen
entschlafen
erlöst werden
verscheiden
auf der Strecke bleiben

[13] Insgesamt mehr als 250 Begriffe wurden inzwischen in den Rhetorik-Seminaren des Autors erarbeitet.

zu Manitu kommen
machte seine Frau zur Witwe
Freund Hein hat ihn geholt
das Zeitliche segnen
das letzte Stündlein hat geschlagen
den Weg allen Fleisches gehen
zu leben aufhören
die Patschen aufstellen
die Augen für immer schließen
in den Himmel kommen
mit der Natur eins werden
den Weg alles Irdischen gehen
von der Bühne des Lebens abtreten
draufgehen
zu Gott abberufen werden
den letzten Seufzer lassen
der Herr hat ihn zu sich genommen
die Seele aushauchen
hops gehen
über den Jordan gehen
aus unserer Mitte gerissen
heimgehen
das Leben verlieren
erliegen
das letzte Hemd anziehen
zu Grabe getragen werden
kauft nicht mehr bei …
vor's Jüngste Gericht treten
seine Tage beschließen
dran glauben müssen
von uns gehen
vom Gevatter geholt werden
die Augen auf Null stellen

XIII. Was tun, wenn Sie den Faden verloren haben?

Wem ist es noch nicht so ergangen? Mitten in einer gut aufgebauten, klar gegliederten und wohldurchdachten Rede fehlen uns die Worte. Die berühmte und viel zitierte „Mattscheibe" hat auch uns erwischt (obwohl wir entsprechend dem vorherigen Abschnitt unseren Wortschatz aktiviert haben). Eine heiße Welle der Angst durchdringt jetzt unseren Körper.

Wenn Sie die nachfolgenden Empfehlungen beachten, wird Ihnen – bei der nächsten sich bietenden Gelegenheit – eine der hier aufgezeigten Möglichkeiten den Moment des Steckenbleibens überwinden helfen. Unbedingt wichtig dabei ist ein gesundes Maß an Selbstbewusstsein nach dem Grundsatz: Ich werde mich in der nächsten kritischen Situation an diese Tipps erinnern. Wenn ich mich danach richte, kann mir nichts passieren!

1. Versuchen Sie, durch besonders langsames Sprechen wieder den „Anschluss" zu finden.
2. Legen Sie ruhig des Öfteren eine Pause ein. Seien Sie versichert: Eine Pause stört in den seltensten Fällen. Nur Sie selbst haben das Gefühl, dass jeder Zuhörer den Aussetzer sofort bemerkt hat.
3. Fassen Sie den gesamten letzten Abschnitt noch einmal zusammen. Sagen Sie z. B.: „Zusammenfassend lassen Sie mich die Situation noch einmal umreißen …" Oder bringen Sie „als plötzliche Eingebung" noch ein Beispiel zu den letzten Ausführungen.
4. Wiederholen Sie Ihren letzten Satz. So gewinnen Sie Zeit zum Überlegen. Etwa: „Ich möchte noch einmal betonen, dass …"
5. Stellen Sie Fragen an die Zuhörer. So verschaffen Sie sich eine Atempause. Zum Beispiel: „Haben Sie noch Fragen zu meinen bisherigen Ausführungen?"
6. Wechseln Sie einfach das Thema: „Kommen wir nun zu einem neuen Abschnitt …"
7. Halten Sie eine lustige Geschichte (Gag) bereit: „An dieser Stelle fällt mir eine lustige Episode ein …" Natürlich muss sie zu Ihrem Thema in irgendeiner Verbindung stehen und zum Anlass passen.
8. Wenn die Zeit weit genug fortgeschritten ist: „Meine Damen und Herren, Sie haben sich jetzt eine Kaffeepause von zehn Minuten verdient."
9. Setzen Sie visuelle Hilfsmittel ein, die Sie bisher in Reserve gehalten haben: „Zur Vervollständigung meiner Ausführungen nochmals ein Schaubild …"
10. Verlassen Sie sich auf Ihren Stichwortzettel. Dieser wird Ihnen bestimmt als Rettungsanker dienen – vorausgesetzt, er ist entsprechend aufgebaut (stärkeres DIN-A5- oder DIN-A6-Papier, farbig und großzügig unterteilt, nur einseitig beschrieben, nicht zu viele Stichwörter pro Seite etc.).
11. Wenn es nicht zu umgehen ist, so sagen Sie entwaffnend ehrlich die Wahrheit: „Nun habe ich den Faden verloren." Es

gibt nur sehr wenige Situationen, in denen Sie sich ein solch offenes Wort nicht leisten können.

Zum Schluss noch zwei entscheidende Ratschläge zur Vorbeugung:

1. Überschätzen Sie Ihre Zuhörer nicht, und nehmen Sie sich selbst nicht zu wichtig!
2. Denken Sie an einen früheren „Auftritt", der besonders positiv verlaufen ist! (Negative, angsteinflößende Gedanken durch positive ersetzen; Situation vorab visualisieren: Beifall, interessierte Zuhörer …)

Kinesik

B

Mehr als zwei Drittel unserer Kommunikation finden ohne Worte statt. Die Körpersprache zeigt, was Schweigen verhüllen soll.

I. Kinesik – die Deutung der Körpersprache

Kinesik ist keine Geheimwissenschaft! Der Begriff ist von dem griechischen Wort „kinesis“ = „Bewegung“ abgeleitet. In Deutschland sind in den letzten Jahren nur wenige interessante Bücher über Körpersprache erschienen. Neben den Publikationen von Körpersprache-Guru Samy Molcho und Siegfried Frey fehlen hier wegweisende Veröffentlichungen. In Amerika gibt es jedoch eine Vielzahl interessanter Büchern über dieses hoch spannende Gebiet. So gilt unangefochten Paul Ekman mit seinen Veröffentlichungen als der Fachmann.

Die Körpersprache ist der Ursprung jeder Sprache. Sehr leicht ist dies bei Tieren festzustellen: Beobachten Sie nur Tiere bei der Balz, die in ihrer Vielfältigkeit Aggressivität, Liebe, Trauer und Hass zum Ausdruck bringen. Bei der Gestik gibt es sehr unterschiedliche Deutungen.

Ein interkulturelles Missverständnis

Als die Russen in Bulgarien einmarschierten, gaben sie den Bulgaren Befehle. Sie wurden jedoch wütend, als diese bei allen Befehlen mit Kopfschütteln reagierten. Für die Bulgaren bedeutet jedoch ein Kopfschütteln Zustimmung – ein Ja! Auch die Griechen und Inder schütteln langsam und leicht den Kopf, wenn sie etwas bejahen.

Die Kriminalpolizei nutzt heute unterschwellig die Möglichkeiten der Kinesik: Zitternde Hände, Lidflattern, Schweißausbrüche zeigen zumindest die Nervosität des zu Vernehmenden an. Selbstverständlich gibt es auch in Europa schon seit vielen Jahren Meister ihres Faches, die eine Perfektion bezüglich der Deutung der „körpersprachlichen Signale“ aufweisen: die Jesuiten. Nun ist es sicher nicht die Aufgabe der Jesuiten, ihr Wissen der breiten Öffentlichkeit zugänglich zu machen, sonst würden Verkaufsgespräche, zahlreiche geschäftliche Debatten und viele Diskussionen einen anderen Verlauf nehmen. Auch mancher Politiker würde sich dann im Bundestag oder bei Fernsehauftritten anders verhalten.

Die Kinesik ist als Teilbereich der Ausdruckspsychologie umstritten, da sie auch wissenschaftlich nicht exakt fassbar ist. Sie wurde von dem Philosophen und Psychologen Philipp Lersch (1898–1972) entwickelt. Sie umfasst jede Bewegung des gesamten Körpers bzw. Körperteils (unbewusst), mit der der Mensch eine Botschaft an seine Mitmenschen weitergibt.

Ausdrucksfelder der Kinesik sind

- die Mimik,
- die Haltung, der gesamte Körper, der Gang, die Gestik,
- die Bewegung der Füße und Beine,
- das Äußere sowie
- die Distanzzonen.

✎ Zum Nachdenken und Ausprobieren[14]

Lachen Sie sechsmal mit unterschiedlichen Vokalen. Wie wirkt das Lachen? Hier eine Interpretation:

auf a (hahaha)	= offen, befreit
auf i (hihihi)	= verschmitzt, Gefühle unterdrückend
auf e (hehehe)	= schadenfroh, unsicher
auf o (hohoho)	= Trotz, Protest
auf m (hmhmhm)	= verhalten, gequält
auf u (huhuhu)	= kein echtes Lachen, Furcht, Angst

Nach den Seminaren des Verfassers über Körpersprache gab es zumeist eine positive Resonanz der Teilnehmer. Sie hatten im

[14] Nach Vera F. Birkenbihl „Psycho-logisch richtig verhandeln: Professionelle Verhandlungstechniken, mvg Verlag, 2007.

beruflichen Alltag die nachfolgenden körpersprachlichen Angaben überprüft und waren zum gleichen Ergebnis gekommen.

Auch Deutschlands renommiertes Wirtschaftsmagazin Capital überprüfte eine verkürzte Körpersprache-Checkliste des Autors: Die Redakteure riefen wahllos Teilnehmer der Seminare an. Diese bestätigten die Praxisnähe und die sofortige Umsetzbarkeit körpersprachlicher Aussagen in ihrer täglichen Arbeit und für ihre Zwecke.

Viele Körpersignale sind einleuchtend und bedürfen keiner Erklärung:

Der Kniefall Willi Brandts

Als Willy Brandt 1970 nach der Kranzniederlegung in Polen auf die Knie fiel, strahlte er Demut aus und bat damit gleichzeitig um Vergebung.

Bei richtiger Deutung der Körpersprache fällt es uns viel leichter, für uns schwierige Situationen rechtzeitig zu erkennen und damit größere Erfolge zu erzielen. Einfühlungsvermögen und Übung bilden jedoch einen Grundpfeiler, um Körpersprache richtig zu deuten und die Erkenntnisse der Kinesik für unsere eigenen Zwecke noch besser einsetzen zu können.

Deshalb: Ab sofort bewusster und aufmerksamer beobachten! Denn fast jede körpersprachliche Aussage ist mehrdeutig und muss in Verbindung mit der verbalen Aussage gesehen und geprüft werden.

In der Umgangssprache und im Volksmund hat die Körpersprache seit vielen Jahren schon ihren Einzug gehalten. Hier einige Beispiele:

Ringen mit den Händen = Not, Angst
Sich auf die Lippen beißen = Verlegenheit, schlechtes Gewissen
Die Nase rümpfen = Ablehnung
Den Kopf hoch tragen = Arroganz/Hochnäsigkeit
Den Kopf hängen lassen = Traurigkeit
Ein langes Gesicht machen = Enttäuschung
Die Zähne zeigen = Aggression, Wut
Über die Köpfe hinweg sprechen = Arroganz

Auch die Bekleidung und andere Statussymbole – wie Auto, Haus und Büroeinrichtung – gehören im weitesten Sinne zur Körpersprache und können für oder gegen andere eingesetzt werden. So gibt es in einem deutschen Unternehmen sogenannte „Verkäuferstühle": Die Stuhlbeine sind hinten 1 bis 2 cm höher, und der Stuhl hat eine glatte Lederfläche. Das Ergebnis: Jeder externe Verkäufer rutscht automatisch nach vorn und wird unsicher. Dieser Verkäufer wird eher Zugeständnisse machen, als wenn er bequem in einem Sessel oder auf einem gemütlichen Stuhl sitzt!

Wir Menschen demaskieren uns laufend. Die Sitz- oder Stehposition verrät viel über uns. Denken wir nur an das Lehrer-Schüler-Verhältnis: der stehende Lehrer und der sitzende Schüler. Oder denken wir an den Gerichtssaal: die erhöhte Position des Richters.

Kinesisch gesteuertes Verhalten – so erziele ich eine positive Atmosphäre

Führt zu einer negativen Einstellung	Positiv
Rücken zum Licht	Beide setzen sich möglichst der Beleuchtung aus. Oder Sie selbst setzen sich in das Licht, um eine noch größere Vertrauensbasis herzustellen.
An das Kopfende setzen in einem Meeting	Setzen Sie sich möglichst zwischen zwei Mitarbeiter/Teilnehmer, nicht umsonst kommt immer mehr der „Roundtable" auf.
Großer Abstand	Situativ (z. B. Konferenz) oder persönliche Distanz (ca. 1 m)
Tiefer Schreibtisch	Kommen Sie um den Schreibtisch herum. Setzen Sie sich seitlich, oder benutzen Sie Ihre Besucherecke.
Höhere Sitzposition und/oder höhere Rückenlehne	Setzen Sie sich grundsätzlich auf gleiche Sitzhöhe. Auch die Rückenlehne sollte die gleiche Höhe haben.
Konservative/progressive Kleidung	Kleiden Sie sich dem Zweck und der Erwartungshaltung entsprechend.

Auto als Statussymbol	Finden Sie heraus, was Ihre Mitmenschen, Kunden und Vorgesetzten erwarten. Keine Extreme wählen.

Noch ein Tipp: Sollte ein Gesprächspartner (Chef, Kunde) sich Ihnen direkt gegenübersetzen, so verschieben Sie Ihren Stuhl leicht versetzt nach links oder rechts. Ein direktes Gegenübersitzen „Auge in Auge“ wird die Stimmung nicht positiv beeinflussen.

Auch unsere Kollegen, Mitarbeiter und unseren privaten Freundeskreis schätzen wir laufend nach ihrem körperlichen Erscheinungsbild ein. Der Gang eines Menschen ist ebenfalls ein Charakteristikum. Die Ihnen besonders nahestehenden Personen erkennen Sie am Gang, obwohl Sie das Gesicht noch gar nicht sehen können. Trotz großer Entfernung wissen Sie sehr oft ganz genau, wer Ihnen entgegenkommt.

II. Checkliste: Körpersprache

Vorbemerkung

Um die nachfolgende Liste in der Praxis überhaupt anwenden zu können, sind sechs grundsätzliche Voraussetzungen zu beachten:

1. Es handelt sich meistens um Situationen, die beim Gesprächspartner zur „Verspannung“ führen. Beispiele für typische Stresssituationen sind wichtige Beratungs- und Verkaufsgespräche, der Beginn einer Veranstaltung oder ein für Sie entscheidendes Gespräch mit einem Vorgesetzten.
2. Mindestens zwei gleichgerichtete körpersprachliche Aussagen (Bewegungstraube) müssen zusammenkommen, um eine positive oder negative Folgerung überhaupt vornehmen zu können (zum Beispiel „Ablehnung“ = Nr. 19 und Nr. 20a oder „Arroganz“ = Nr. 33 und Nr. 46b).
3. Grundsätzlich sind körpersprachliche Gebrechen auszuschließen. So dürfen selbstverständlich häufige Lidbewegungen beim Gesprächspartner (siehe Nr. 7 der Checkliste) nicht als Nervosität ausgelegt werden, wenn es sich um ein angeborenes Leiden handelt.

4. Es handelt sich (meist) um unterbewusste Körpersignale.
5. Die Aussagen gelten nur für den deutschsprachigen Raum.
6. Es darf sich nicht um Angewohnheiten (Marotten) unserer Mitmenschen handeln.

Jede körpersprachliche Aussage ist der Situation entsprechend auch mehrdeutig. Es zeigte sich jedoch, dass die jeweils am häufigsten genannte Deutung von mehr als 500.000 Teilnehmern mit meinen Beobachtungen und Vorschlägen übereinstimmte. Wichtig für die richtige Deutung ist die Bewegungstraube (Voraussetzung Nr. 2).

	Wenn plötzlich der Gesprächspartner	**Dann bedeutet dies:**
1.	die Stirn runzelt	1. Entrüstung 2. Zweifel
2.	mit der Hand über die Stirn streicht	1. Verlegenheit 2. Wegwischen von Sorgen
3.	den Kopf einzieht	1. Unsicherheit 2. Schuldbewusstsein
4.	das Kinn streichelt	1. Nachdenklichkeit 2. Selbstgefälligkeit
5.	den Kopf mehrmals ruckartig zurückwirft	Trotz, Ablehnung
6.	den Kopf senkt	1. Unsicherheit, Schuldbewusstsein 2. Ergebenheit, Demut
7.	häufig die Lider bewegt	Nervosität
8.	die Augenbrauen hebt	1. Skepsis, Erstaunen 2. Arroganz
9.	die Augenbrauen senkt bzw. zusammenzieht	1. Ärger 2. Nachdenklichkeit
10.	a) plötzlich erweiterte Pupillen hat	a) Interesse
	b) plötzlich verengte Pupillen hat	b) Desinteresse, Unwillen
11.	a) keinen Blickkontakt mehr hält	a) 1. Unsicherheit oder 2. Arroganz
	b) guten Blickkontakt hält	b) Sicherheit, Interesse

12. sich kurz an die Nase greift	Verlegenheit (bin ertappt)
13. sich die Nase reibt	Nachdenklichkeit
14. den Mundwinkel hebt	Zynismus, Arroganz, Überlegenheitsgefühl
15. den Mund öffnet	Erstaunen, will unterbrechen
16. die Lippen zusammenpresst	Verhaltener Zorn, Starrsinn
17. die Unterlippe hochzieht	Überlegenheit, Nachdenklichkeit
18. mit dem Oberkörper weit nach vorn kommt	Interesse, will unterbrechen
19. den Oberkörper weit zurücklehnt	Abwarten, Ablehnung
20. die Arme vor der Brust verschränkt	
a) bei Männern	a) Abwarten, Ablehnung
b) bei Frauen	b) Angst, Schutz suchen
21. die Hände vor der Brust faltet	Verkrampfung, Unsicherheit
22. weite Armbewegungen macht	Sicherheit
23. enge Armbewegungen macht	Unsicherheit
24. mit den Händen ein Spitzdach formt	
a) in Richtung des Gesprächspartners	a) Ich wehre mich gegen jeden Einwand.
b) nach oben	b) Nachdenklichkeit, Konzentration
25. sich die Hände reibt	
a) schnell	a) Schadenfreude
b) langsam	b) Zufriedenheit, Freude
26. mit dem Bleistift spielt	Nervosität
27. die Hand zur Faust verkrampft	Zorn, verhaltener Zorn
28. die Hand vor den Mund nimmt	
a) während des Sprechens	a) Unsicherheit

b) nach dem Sprechen	b) Will das Gesagte zurücknehmen
29. die Hände in die Hüften stemmt	1. Imponiergehabe, Überlegenheitsgefühl 2. Entrüstung
30. die Hand in die Hosentasche steckt	1. Unsicherheit 2. Arroganz
31. die Hände vor die Brust legt	Beteuerungsgeste
32. die Hände vor der Brust kreuzt	Ergebenheit, Demut
33. die Hände auf den Rücken legt	1. Befangenheit 2. Arroganz, Autoritätshaltung
34. die Hände zusammenkrampft	1. Nervosität 2. Aggression
35. die Hände im Nacken verschränkt	Arroganz
36. die Fingerkuppen einer Hand aneinanderpresst	Unterstreichen einer Aussage, überzeugt sein
37. mit dem Finger zeigt: Sie sind …	Entrüstung, Aggression
38. den Zeigefinger hebt	Belehrung, Tadel
39. die Finger zum Mund nimmt	
a) kurze Zeit	a) Verlegenheit
b) längere Zeit	b) Nachdenklichkeit
40. mit den Fingern trommelt	Ungeduld („Komm zur Sache!"), Nervosität
41. mit den Fingern schnipst	
a) mehrmals	a) Lösung suchen
b) einmal	b) Plötzlicher Einfall, Lösung gefunden
42. mit dem Zeigefinger auf den Tisch pocht	Auf etwas bestehen, besonders überzeugt sein
43. die Beine übereinanderschlägt	
a) zum Gesprächspartner	a) Aufbau eines Sympathiefeldes
b) vom Gesprächspartner weg	b) Abbau eines Sympathiefeldes

44. die Füße um die Stuhlbeine legt	Unsicherheit, Halt suchen
45. die Füße nach hinten nimmt	1. Ablehnung 2. Angriff
46. mit den Füßen wippt (im Stehen) a) einmal b) laufend	 a) Unsicherheit b) Arroganz
47. die Füße verschränkt	Selbstsicherheit, Arroganz
48. die Brille hastig abnimmt	1. Verwirrung 2. Erregung 3. Zorn
49. die Brille hochschiebt	Will Zeit gewinnen, Nachdenklichkeit
50. das Jackett öffnet	Entspannung, Sicherheit
51. das Gesicht verdeckt	Nachdenken, will entfliehen
52. die Hände um die Stuhllehne klammert	Verkrampfung, Unsicherheit

Meine Beobachtungen:

53. ____________________ ____________________
54. ____________________ ____________________
55. ____________________ ____________________
56. ____________________ ____________________
57. ____________________ ____________________
58. ____________________ ____________________
59. ____________________ ____________________
60. ____________________ ____________________

III. Fünf typische Situationen

Im Folgenden werden fünf typische Situationen geschildert, die im privaten Bereich oder bei einem geschäftlichen Gespräch auftauchen können. Sie zeigen Ihnen den Einsatzbereich des kinesisch gesteuerten Verhaltens auf.

Situation 1: Einkäufer Engel hat soeben dem Verkäufer Forsch erklärt, dass das Forsch-Produkt 20 % teurer sei als das der Konkurrenz. Die Reaktionen von Forsch, bevor er zur Erwiderung ansetzt: Unbewusst legt er die Füße um die Stuhlbeine (44)[15], spielt mit dem Bleistift (26) und greift kurz an die Nase (12). Was kann Einkäufer Engel folgern?

Einkäufer Engel sieht die Unsicherheit (44) und die Nervosität, die Verkrampfung (26) des Verkäufers. Forsch hat das Gefühl, ertappt worden zu sein (12). Engel wird seine Forderung nach einem zwanzigprozentigen Preisnachlass nun noch entschiedener vertreten und zu keinem Kompromiss bereit sein.

Situation 2: Drei Freunde treffen sich – wie jeden Dienstag – zur Skatpartie. Schon beim ersten Spiel drücken alle drei durch ihre Körperhaltung unbewusst eine Einschätzung ihrer eigenen Karten aus. Karl hat die Schultern hochgezogen und den Kopf ganz leicht eingezogen (3); Klaus reibt sich die Nase (13), während Hans-Joachim mit dem Oberkörper weit nach vorn kommt (18). Wer wird versuchen, dieses Spiel zu machen?

Karl zeigt an, dass seine Karten nicht besonders gut sind. Nervosität und Verkrampfung (3) sind seine körpersprachlichen Signale. Klaus reibt sich nachdenklich die Nase (13). Er ist unentschlossen und weiß noch nicht, ob er eine Chance in diesem Spiel hat. Hans-Joachim kann es kaum erwarten, bis er die – nach seiner Meinung – guten Karten ausspielen kann (18). Hans-Joachim will das Spiel machen.

Situation 3: Produktionsleiter Franke bespricht mit seinem Ingenieur Wedam die neue Produktion. Äußerst sachlich erklärt Wedam, dass er sich mit diesem Produktionsvorhaben nicht einverstanden erklären könne. Er blickt dabei Produktionsleiter

[15] Die Nummern sind in der Checkliste im vorhergehenden Kapitel erläutert.

Franke nicht an (11a), bewegt sehr stark die Lider (7) und schlägt die Beine übereinander, jedoch von Franke weg (43b).

Was bedeutet dies für den Produktionsleiter? Der Ingenieur ist trotz seiner Sachlichkeit unsicher (11a) und sehr nervös (7); seine Ablehnung und seinen Unwillen (43b) gegenüber dem Produktionsvorhaben drückt er durch seine Beinhaltung aus. Der Produktionsleiter muss seine Vorstellungen gegen den Willen von Wedam durchsetzen.

Situation 4: Alle Angriffe des Fernsehmoderators hat der Bundestagsabgeordnete bisher abgefangen. Bei der zuletzt gestellten Frage lässt er sich nun doch sehr viel Zeit. Mit den Händen formt er zunächst ein Spitzdach (24a), nimmt die Füße nach hinten (45) und ballt dann die Hand zur Faust (27). Wie wird die Antwort des Bundestagsabgeordneten ausfallen?

Der Bundestagsabgeordnete wehrt sich gegen jeden weiteren Einwand (24a) und lehnt alles Kommende ab (45). Er ist wütend (27). Entscheidend ist nun, inwieweit er sich in der Gewalt hat und seinen aufkommenden Zorn in die Hand „ableiten“ kann.

Situation 5: Der Unternehmer Karl Haase führt mit seinem Auszubildenden ein Gespräch über dessen Zukunft. Voller Freude registriert er, wie der Auszubildende ihm versichert, dass er seine Zukunft in der Haase KG sehe. Der Auszubildende lehnt sich dabei zurück (19), verschränkt die Arme vor der Brust (20a) und zieht die Oberlippe fast unmerklich hoch (17). Hat Herr Haase Grund zur Freude?

Keineswegs. Der Auszubildende zeigt sein Desinteresse (19) und seine Ablehnung (20a), was seine weitere Zukunft in der Haase KG betrifft. Den Worten seines Chefs bringt er eher Verachtung und Geringschätzung entgegen (14).

Unterschätzen Sie die körpersprachlichen Aussagen nicht und berücksichtigen Sie diese bei Ihren Antworten. Wenn Sie Ihre Gesprächspartner in Zukunft intensiver beobachten, werden Sie andere und ähnliche Reaktionen feststellen, die Sie zusätzlich in die Checkliste im vorangegangenen Kapitel eintragen können. Jedes von Ihnen festgestellte körpersprachliche Signal muss mindestens zehnmal gleichgerichtet auftauchen, bevor es von Ihnen bewertet werden kann.

Eigenes Verhalten überprüfen

Auch Ihr eigenes körpersprachliches Verhalten sollten Sie eingehend überprüfen. Bedenken Sie, dass – wie amerikanische Wissenschaftler herausgefunden haben – Emotionen und Gefühle zu 90 Prozent zuvor durch Körpersprache zum Ausdruck gebracht werden. Sie können dann den Wert der Körpersprache sowohl für das Berufs- als auch für das Privatleben nicht hoch genug einschätzen.

> ! Nonverbale Aussagen sind verbal zu überprüfen. Das heißt, mein Gefühl, ob wütend oder ablehnend, werde ich durch meine Worte absichern.

IV. Distanzzonen erkennen und respektieren

Wie im Tierreich, so hat auch jeder Mensch sein Revier. Es gibt unterschiedliche Distanzzonen, die wir bei unserem Gegenüber beachten müssen. Überlegen Sie einmal kurz, wie Sie sich fühlen, wenn Sie in einem überfüllten Fahrstuhl oder in einer voll besetzten Straßenbahn stehen. Wird hier nicht Ihre Intimdistanz gestört? Seitlich fühlen Sie sich weniger „verletzt" als bei einem Kontakt vorne oder hinten. Aus diesem Grund endet auch diese Distanzzone (siehe Übersicht unten) seitlich näher an der Person.

Aufgrund zahlreicher Befragungen bin ich zu der Auffassung gekommen, dass es keine „idealen" Werte – wie in anderen Büchern angegeben – gibt. Sie müssen sich jeweils auf die Menschentypen einstellen. Nehmen wir eine Dreiteilung in die uns persönlich bekannten introvertierten[16] und mehr extrovertierten Menschen sowie in uns unbekannte Personen vor, so empfehlen sich die in der Übersicht unten angegebenen Distanzzonen.

---

[16] Lt. Duden: *introvertiert:* nach innen gewandt, zur Innenverarbeitung der Erlebnisse veranlagt; stiller, verschlossener Typ; *extrovertiert:* nach außen gerichtet, für äußere Einflüsse leicht empfänglich; „Kumpeltyp".

Es ist nicht empfehlenswert, in die **Intimdistanz** des anderen einzudringen, da der Blickkontakt besonders schwierig ist und sehr aufdringlich wirkt. Die Intimdistanz liegt bei Arabern unter einem halben Meter. Männer haben untereinander größeren Distanzbedarf als Frauen. In Stresssituationen steigt der Bedarf nach Distanz erheblich. Es gibt nur allzu viele Personen, die die Intimdistanz des Gesprächspartners nicht respektieren, sodass dieser dann immer mehr zurückweicht. Insbesondere Vorgesetzte meinen, das Privileg zu besitzen, in diese Zone des Mitarbeiters eindringen zu können. Wer sich seine Mitarbeiter erhalten will, sollte es tunlichst unterlassen.[17] Das Eindringen in diese Zone wird mit Rückzug oder Angriff beantwortet.

Der weitaus interessanteste Bereich ist die **persönliche Distanz**. Hier müssen Sie eindringen, wenn Sie erfolgreich sein wollen. Oder können Sie sich zum Beispiel eine wichtige (erfolgreiche) Verkaufsverhandlung vorstellen, bei der die Entfernung zwischen Einkäufer und Verkäufer 4,5 Meter beträgt?

Die **gesellschaftlich-wirtschaftliche Distanz** (Wahrnehmungsdistanz) ist für uns nicht entscheidend. Sie wird meist (aus Unwissenheit) von Vorgesetzten bei Kritikgesprächen eingenommen. Auch bei hochoffiziellen Anlässen ziehen wir diese Distanz vor. Der Partner wird nur als physisch anwesend empfunden.

Die **Ansprachedistanz** ist bei Vorträgen etc. zu beachten. Nur wenn Sie hier genügend räumlichen Abstand zum Zuhörerkreis haben, können Sie alle im Blickfeld halten. Verstärkter Einsatz der Gestik ist notwendig, um überhaupt emotional von den anderen verstanden zu werden.

[17] Als Faustregel gilt: Wenn Sie den Arm ausstrecken, sollte der Gesprächspartner mindestens bis zu den Fingerspitzen entfernt stehen.

Übersicht: Die verschiedenen Distanzzonen

	Mehr introvertierte Menschen	Mehr extrovertierte Menschen	Unbekannte Personen
Intimdistanz	0,40 m bis 1,00 m	0,00 m bis 0,60 m	0,00 m bis 1,00 m
Persönliche Distanz	1,00 m bis 2,00 m	0,60 m bis 1,50 m	1,00 m bis 2,00 m
Gesellschaftlich-wirtschaftliche Distanz	2.00 m bis 4.00 m	1,50 m bis 3,00 m	2,00 m bis 4,00 m
Ansprache-distanz	ab 4,00 m	ab 3,00 m	ab 4,00 m

Übersicht: Distanzzonen für Personen, die Ihnen nicht bekannt sind

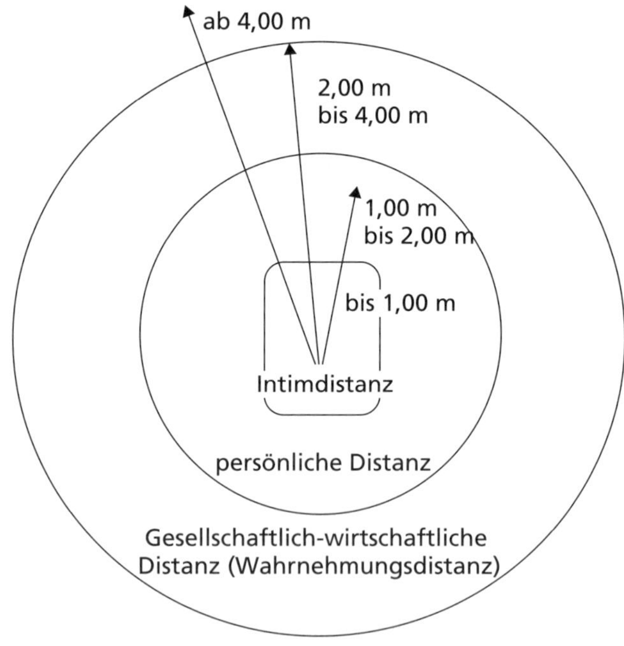

Bei allen Gelegenheiten können Sie die Regeln aus den Distanzzonen für Ihre Zwecke nutzen, zum Beispiel auch im Verkauf. So sollte der Verkäufer beim Door-to-door-Selling sofort nach dem Öffnen der Tür einen Schritt zurücktreten.[18]

Der Verkäufer gibt so dem Wohnungsinhaber das Gefühl, dass er nicht in seine Intimdistanz eindringt und die persönliche Distanz für richtig hält.

Auch bei Tagungen und Vorträgen können Sie anhand der Distanzzonen die Teilnehmer generell einstufen:

- Setzen sie sich in die vordersten Reihen, dann sind sie meist ehrgeizig und sehr selbstbewusst.
- Nehmen sie seitlich Platz, dann sind sie besonders kritisch.
- Nehmen sie ziemlich weit hinten in der Mitte Platz, so sind sie noch unentschlossen.
- Sitzen Sie in die Nähe des Ausgangs oder ziemlich weit hinten links oder rechts, so sind sie noch sehr unsicher.

Erkenntnisse, die auch Ihnen bestimmt in zukünftigen Situationen nützen können.

[18] Eine einleuchtende Regel, die ich vom Eigentümer eines großen Finanzdienstleisters erhielt, als ich seine Mitarbeiter schulte.

V. Testen Sie Ihre Menschenkenntnis

Die Lösungen können Sie der nachfolgenden Checkliste „Körpersprache“ entnehmen. Die Ziffern in Klammem entsprechen der laufenden Nummerierung in der Checkliste.

Bild 1

Körpersprachliche Aussagen

1. Arme verschränkt (20a)
2. Oberkörper weit zurückgelehnt (19)

Meine Bewertung (bitte ankreuzen):

Im ersten Versuchen sollten Sie lediglich werten, ob es sich um eine positive, neutrale oder negative Aussage handelt. Zum Beispiel:

Allgemein:	positiv ☐ neutral ☒ bis negativ ☒
Konkret:	abwartende, distanzierte Haltung

Bild 2

Körpersprachliche Aussagen:

1. Unterlippe hochgezogen (17)
2. Augenbrauen zusammengezogen (9)

Meine Bewertung:

Allgemein:	positiv ☐ neutral ☐ bis negativ ☐
Konkret:	

Bild 3

Körpersprachliche Aussagen:

1. Kopf gesenkt (6)
2. Kein Blickkontakt (11a)

Meine Bewertung:

Allgemein:	positiv ☐ neutral ☐ bis negativ ☐
Konkret:	

Bild 4

Körpersprachliche Aussagen:

1. Lippen zusammengepresst (16)
2. Rechte Hand zur Faust geballt (27)

Meine Bewertung:

Allgemein:	positiv ☐ neutral ☐ bis negativ ☐
Konkret:	

Bild 5

Körpersprachliche Aussagen:

1. Weite Armbewegungen (22)
2. Guter Blickkontakt (11b)

Meine Bewertung:

Allgemein:	positiv ☐ neutral ☐ bis negativ ☐
Konkret:	

Bild 6

Körpersprachliche Aussagen:

1. Hände im Nacken (35)
2. Jackett weit geöffnet (50)

Meine Bewertung:

Allgemein:	positiv ☐ neutral ☐ bis negativ ☐
Konkret:	

Bild 7

Körpersprachliche Aussagen:

1. Kopf gesenkt (6)
2. Hände vor der Brust gekreuzt (32)

Meine Bewertung:

Allgemein:	positiv ☐ neutral ☐ bis negativ ☐
Konkret:	

Bild 8

Körpersprachliche Aussagen:

1. Füße um die Stuhlbeine gelegt (44)
2. Hände um die Stuhllehne geklammert (52)

Meine Bewertung:

Allgemein:	positiv ☐ neutral ☐ bis negativ ☐
Konkret:	

Bild 9

Körpersprachliche Aussagen:

1. Mund leicht geöffnet (15)
2. Oberkörper weit zurückgelehnt (19)

Meine Bewertung:

Allgemein:	positiv ☐ neutral ☐ bis negativ ☐
Konkret:	

Bild 10

Körpersprachliche Aussagen:

1. Hände auf den Rücken gelegt (33)
2. Füße wippen (46)

Meine Bewertung:

Allgemein:	positiv ☐ neutral ☐ bis negativ ☐
Konkret:	

Bild 11

Körpersprachliche Aussagen:

1. Hand in der Hosentasche (30)
2. Gelangweilter Blick zur Decke (11a)

Meine Bewertung:

Allgemein:	positiv ☐ neutral ☐ bis negativ ☐
Konkret:	

Bild 12

Körpersprachliche Aussagen:

1. Die Stirn runzeln (1)
2. Mit dem Finger zeigen (37)

Meine Bewertung:

Allgemein:	positiv ☐ neutral ☐ bis negativ ☐
Konkret:	

Bild 13

Körpersprachliche Aussagen:

1. Den Mundwinkel heben (14)
2. Die Hände in die Hüften stemmen (29)

Meine Bewertung:

Allgemein:	positiv ☐ neutral ☐ bis negativ ☐
Konkret:	

Bild 14

Körpersprachliche Aussagen:

1. Keinen Blickkontakt mehr halten (11a)
2. Enge Armbewegungen machen (23)

Meine Bewertung:

Allgemein:	positiv ☐ neutral ☐ bis negativ ☐
Konkret:	

Bild 15

Körpersprachliche Aussagen:

1. Ein Spitzdach mit den Händen formen (in Richtung des Gesprächspartners) (24a)
2. Die Beine übereinanderschlagen (vom Partner weg) (43b)

Meine Bewertung:

Allgemein:	positiv ☐	neutral ☐	bis negativ ☐
Konkret:			

Bild 16

Körpersprachliche Aussagen:

1. Die Fingerkuppen einer Hand aneinanderpressen (36)
2. Mit dem Zeigefinger auf den Tisch pochen (42)

Meine Bewertung:

Allgemein:	positiv ☐ neutral ☐ bis negativ ☐
Konkret:	

Bild 17

Körpersprachliche Aussagen:

1. Mit der Hand über die Stirn streichen (2a)
2. Keinen Blickkontakt mehr halten (11a)

Meine Bewertung:

Allgemein:	positiv ☐ neutral ☐ bis negativ ☐
Konkret:	

Bild 18

Körpersprachliche Aussagen:

1. Mit den Fingern trommeln (40)
2. Mit dem Oberkörper nach vorne kommen (18)

Meine Bewertung:

Allgemein:	positiv ☐	neutral ☐	bis negativ ☐
Konkret:			

Bild 19

Körpersprachliche Aussagen:

1. Das Kinn streicheln (4)
2. Blick nach oben (11a)

Meine Bewertung:

Allgemein:	positiv ☐	neutral ☐	bis negativ ☐
Konkret:			

VI. Karriere beginnt im Kleiderschrank

Schon der alte Knigge war der Ansicht: „Wer die Gesellschaft nicht entbehren kann, soll sich ihren Gebräuchen unterwerfen, weil sie mächtiger sind als er." Deshalb ist es von großer Bedeutung, sich vor dem Verlassen des Hauses Folgendes zu überlegen:

- Wohin will ich?
- Auf welche Menschen treffe ich?
- Was möchte ich erreichen?

Ihr Umfeld hat eine bestimmte Erwartungshaltung, die Sie unbedingt herausfinden und berücksichtigen sollten. In den ersten drei Minuten haben Sie die stärkste Aufmerksamkeit der anderen. Dieser erste Eindruck, der ja zunächst einmal ein visueller ist, kann Ihnen den Einstieg in ein Gespräch oder den Zugang zu einer gesellschaftlichen Gruppe erleichtern. Wenn es sich um Gesprächspartner handelt, die Ihnen wichtig sind, so ist Ihre Zielsetzung gewiss: Ich möchte dazugehören. Und dies ist in aller Regel nur möglich, wenn Sie auch vom Äußerlichen her in diesen Kreis passen. Sie repräsentieren als Führungskraft Ihr Unternehmen, und Sie tun dies mit Ihrer gesamten Persönlichkeit – selbstverständlich auch mit Ihrer äußeren Erscheinung!

Fachwissen allein genügt nicht, zunächst müssen Sie Türen öffnen, um Ihr Wissen überhaupt „an den Mann" bzw. „die Frau" bringen zu können. Ein nachlässiges Äußeres und somit ein schlechtes Image hindert Sie daran, Ihre Fähigkeiten und Stärken ins rechte Licht zu setzen. Wie Sie sich kleiden, wie Sie sich präsentieren, dies sagt sehr viel über Ihr Selbstwertgefühl und Ihre Einstellung zu sich selbst aus. Nur Menschen, die sich selbst achten und wichtig nehmen, tun dies auch bei anderen. Ihr Äußeres, Ihre Art, Ihre Sprache, Ihre Mimik und Gestik sind also für Ihren beruflichen Erfolg ebenso wichtig wie Ihre Ausbildung und Ihre Berufserfahrung. Überlassen Sie Ihre äußere Erscheinung nicht dem Zufall – wie heißt es doch: „Wie außen – so innen ..."

Nehmen Sie sich Zeit für sich selbst. Finden Sie heraus, wo Ihre Stärken liegen – und wo Ihre Schwächen. Stellen Sie Pluspunkte heraus und vermeiden Sie es, Minuspunkte noch zu betonen. Finden Sie Ihren persönlichen Stil, der Sie unverwechselbar macht – dann erübrigt es sich, jeden modischen Trend zu kopieren. Wichtig ist nicht, dass sich Ihre Gesprächspartner im Nachhinein an das elegante Kostüm oder den edlen Anzug erinnern – wichtig ist, dass der positive, harmonische Gesamteindruck im Gedächtnis bleibt.

Achten Sie auch darauf, dass Sie nicht Signale aussenden, die Ihre Gesprächspartner so verwirren, dass man Sie nicht mehr einordnen kann. Ein Nadelstreifenanzug und ein Brillant im Ohr haben eine sehr gegensätzliche Außenwirkung. Dies gilt auch für eine verwaschene Jeans und eine sehr teure Krawatte (Statussymbol). Ein Vorschlag, um in der Erinnerung Ihres Gesprächspartners zu bleiben: Überlegen Sie sich ein Accessoire, das zu Ihnen gehört, an das sich Ihre Mitmenschen erinnern, wenn Ihr Name fällt.

Mit etwas Übung können Sie es erreichen, sich schon durch Ihr Äußeres und Ihr Auftreten einen Vorsprung zu verschaffen, der Ihren Zuhörern Fachkompetenz signalisiert und Ihren Ausführungen mehr Gewicht gibt. Überlegen Sie sich bitte, ob Ihr Outfit zu Ihrer Position passt. Sie möchten die nächsthöhere Hierarchiestufe erklimmen, für die dann ein anderes Outfit notwendig ist? Denken Sie darüber nach, wie andere, die Sie nicht persönlich kennen, Sie wohl einschätzen, und überlegen Sie, ob Sie vermitteln, was Sie gerne möchten. Ihr Vorgesetzter hat ebenfalls einen Eindruck von Ihnen, bevor er Sie zum Gespräch bittet. Der Firmeninhaber, den Sie besuchen, macht sich ein Bild von Ihnen, bevor das Verkaufsgespräch beginnt. Und vor allem der Personalchef, bei dem Sie sich bewerben, registriert zunächst einmal Ihr Äußeres, die Art, wie Sie auftreten, Ihre Sprache. All das sagt aus, wo Sie momentan stehen. Und darüber, wie erfolgreich Sie sind.

Warum sollte sich ein Unternehmen unter den Bewerbern nicht einen Mitarbeiter aussuchen, der – außer über Berufserfahrung und Qualifikation – auch über ein angenehmes, passendes Äußeres verfügt? Und schließlich: Wenn wir gut aussehen, fühlen wir uns selbstbewusster, mutiger, spontaner. Die Anerkennung der anderen freut und motiviert uns. Somit hat ein gepflegtes Äußeres ganz sicher großen Einfluss auf unsere Leistung.

Bitte überlegen Sie sich einmal in Ruhe:

- Wie sehen Sie Ihr Unternehmen?

- Welche Zielgruppe sprechen Sie an?
- Welche Produkte/Dienstleistungen verkaufen Sie?
- Welches Bild haben Ihre Kunden von Ihnen?

Wenn Sie Ihren Kunden vermitteln wollen, dass Sie Produkte von höchster Qualität verkaufen – wie wollen Sie dann rechtfertigen, dass sich Ihre Mitarbeiter in minderwertigen Anzügen und billigen Schuhen präsentieren? Arbeiten Sie zum Beispiel in einer Werbeagentur, die von sich behauptet, über jede Menge kreativer Köpfe zu verfügen, so können Sie Ihre Kunden kaum überzeugen, wenn die Mitarbeiter in langweiligem Mausgrau auftreten. Wollen Sie jedoch als Anlageberater Seriosität vermitteln, so wäre es ganz sicher ein Fehler, in zu modischer Kleidung zu erscheinen, die Experimentierfreude signalisiert.

Jedes Unternehmen sollte daher darauf achten, dass das „Unternehmensimage" und das Erscheinungsbild der Mitarbeiter im Einklang sind. Sind Sie ein Unternehmen mit langer Tradition, so sollten Sie darauf achten, dass Ihre Mitarbeiter nicht zu „altbacken" erscheinen und Ihre Kunden nicht den Eindruck haben, Sie seien in Ihrem Denken zementiert und Neuerungen gegenüber negativ eingestellt.

Worauf müssen wir nun achten, wenn es um ein perfektes Erscheinungsbild geht? Zunächst möchte ich jedem raten, sich einen großen Spiegel anzuschaffen, in dem die ganze Person sichtbar ist. Dazu einen kleineren für die Sicht von hinten. Denn nichts wirkt peinlicher als zu enge Kleidung. Dass die kleinere Größe schlanker erscheinen lässt, ist ein schlimmer Trugschluss – das Gegenteil ist der Fall. Eingezwängt in eine Pelle, bei der sich jede Naht abzeichnet – dies ist auch bei einer Traumfigur in den seltensten Fällen von Vorteil.

Achten Sie darauf, dass Sie Ihre Garderobe gut aufeinander abstimmen, damit Sie kombinieren können und so – ohne zu großen finanziellen Aufwand – immer wieder anders gekleidet erscheinen.

Wichtig ist, Farbtöne zu kaufen, die zu Ihrem Typ passen und farblich miteinander harmonieren. Sind Sie gänzlich unsicher, so lohnt sich bestimmt ein Besuch bei einer Farbberatung oder ein Seminar. Ausgefallene Farben, Muster oder Strukturen eignen sich für das Geschäftsleben nicht – Ausnahmen zeichnen sich bei vielen Start-up-Unternehmen ab. Vermeiden Sie auch modische Extravaganzen – Ihr Gesprächspartner wird sich an ausgefallene Kleidungsstücke viel leichter erinnern und genau registrieren, dass Sie schon wieder das gleiche Outfit tragen...

Vorsicht ist geboten auch bei Schmuck: Der Herr sollte nicht mehr als zwei Ringe (einen Ehering und – wenn es unbedingt sein muss – einen Siegelring) tragen und auf Ketten, Armbänder und Ohrringe verzichten. Ihre Uhr sollte kein zu auffallendes Statussymbol sein – allerdings auch keine billige Plastikuhr.

Überlassen Sie die Wahl Ihrer Krawatte nicht dem Zufall, denn sie sagt sehr viel über die Persönlichkeit des Trägers aus. Sind Sie unsicher, so wählen Sie besser klein gemustert und dezent. Sind Sie eher zierlich, so vermeiden Sie groß gemusterte Krawatten. Die Krawattenspitze endet immer am Gürtel. Es gibt Krawatten in vielen verschiedenen Materialien, doch mit einer Seidenkrawatte liegen Sie immer richtig.

Konfektionsanzüge haben immer Gürtelschlaufen: Tragen Sie daher stets einen Gürtel aus glattem Leder, ohne auffallende Verzierungen und in einer dunklen Farbe.

Die Socken sollten etwas dunkler als der Hosensaum sein. Gagmotive, weiße, bunt gemusterte oder zu kurze Socken zerstören den professionellen Eindruck, den Ihr Outfit meist hinterlassen soll. Achten Sie darauf, dass auch beim Sitzen die Wade bedeckt bleibt. Und vor allem: Kaufen Sie niemals Socken aus Kunstfaser!

Dunkle, geschlossene Schuhe, die immer tadellos geputzt sind und keine schiefen Absätze haben, sind für ein korrektes Äußeres im Geschäftsleben unabdingbar. Denn auch Ihre Schuhe verraten, wie erfolgreich Sie bisher die Karriereleiter emporgeklettert sind. Sie müssen unbedingt aus Leder sein (auch das Futter) und eine Ledersohle haben. Helle Schuhe, Lochmuster, Kreppsohlen – dies alles gehört in den Freizeitbereich. In konservativen Unternehmen gelten auch Slipper als unpassend.

Auch die Dame sollte mit Schmuck sparsam (maximal fünf Schmuckstücke) umgehen: Klappernde Armbänder, auffallende Ringe und übergroße Ohrringe werden häufig als unseriös empfunden. Zu aufreizend darf ihre Kleidung keinesfalls sein. Große Ausschnitte, Spaghettiträger, kurze Miniröcke, Rüschen, Schleifen, Pastellfarben, sehr feminine, verspielte Kleidung gehören nicht zu einer Businessfrau! Weiße Schuhe, hohe

Stöckelschuhe und Sandaletten ebenfalls nicht. Auch zu grelles Make-up und zu intensives Parfüm können den positiven Gesamteindruck zunichtemachen. Eine wallende Mähne und überlange, rot lackierte Fingernägel kommen im Geschäftsleben kaum gut an. Wollen Sie Sachkompetenz signalisieren, so ist ein dezentes, zurückhaltendes Äußeres angesagt.

Beim Kauf Ihrer Garderobe sollten Sie in jedem Fall auf Qualität achten. Kaufen Sie lieber ein Stück weniger, und verzichten Sie auf modische Extravaganzen, die bereits in der nächsten Saison nicht mehr tragbar sind. Achten Sie unbedingt auf Details. So müssen z. B. Streifen an den Nähten genau aufeinandertreffen, Muster sollten zusammenpassen. Hochwertige Anzüge und Kostüme sind auch heute noch zum Teil handgenäht (z. B. Ärmeleinsatz und Kragen), das Futter ist lose und nie am Oberstoff festgeklebt. Bei billiger Kleidung ist der Stoff meist recht knapp bemessen, die Armlöcher sind zu eng und Sie empfinden den Sitz als unbequem. Welches Muster, welche Stoffart, welche Struktur – dies bleibt Ihrem persönlichen Geschmack überlassen. Mit einem leichten Wollstoff sind Sie sicher gut beraten. Leinen knittert edel, so die Werbung eines bekannten Modeherstellers … doch nicht für das Berufsleben. Für Hemden und Blusen kommen ebenfalls nur Naturfasern in Frage: Reine Baumwolle, ein Gemisch mit überwiegendem Baumwollanteil oder Seide. Wenn Sie hochwertige Kleidung nicht zu häufig in die Reinigung geben, sie im Freien auslüften lassen und ihr im Kleiderschrank den nötigen Platz gönnen, dann wird sie Ihnen lange Freude machen.

Wählen Sie auch Ihre Accessoires mit Sorgfalt aus. Eine billige Plastikhandtasche, eine Aktentasche oder ein Koffer aus Polyestergewebe verderben ebenfalls den positiven Effekt, den Sie mit Ihrer Kleidung erreichen möchten, ganz gründlich. Leder muss es in jedem Fall sein, für den Herrn immer in einer dunklen Farbe. In unseren Breitengraden sind wir oft auf einen Mantel angewiesen. Dieser sollte ebenfalls von guter Qualität und in Form und Farbe neutral sein, damit er in jedem Fall mit dem Anzug/dem Kostüm harmoniert. Schließlich bemerkt Ihr Gegenüber zuerst einmal den Mantel – dann erst das Darunter. Und Ihr erster Eindruck muss eine erstklassige Wirkung haben.

Wenn Sie eine Brille tragen, so sollte sie ein Gegengewicht zu Ihrer Gesichtsform darstellen, nicht zu sehr von Ihrem Gesicht ablenken und für das Geschäftsleben nicht zu auffallend sein. Achten Sie darauf, dass sie zu Ihrem Teint passt, die Augen genau in der Mitte der Gläser liegen und sie mit den Augenbrauen abschließt. Haben Sie eine große Nase, so wählen Sie eine Brille mit einem niedrigen, nicht zu dunklen Steg. Dunkle Brillengläser verunsichern Ihren Gesprächspartner – er kann schlecht Blickkontakt zu Ihnen aufnehmen. Aus diesem Grund sollten Sie auch stets entspiegelte Gläser tragen.

Seien Sie ehrlich zu sich selbst und denken Sie in Ruhe darüber nach, ob Sie Ihrem Äußeren die nötige Sorgfalt angedeihen lassen. Wenn Sie unsicher sind, so fragen Sie eine Person Ihres Vertrauens, was Sie an sich verändern sollten. Ziehen Sie Bilanz und überlegen Sie, was Sie verbessern können. Und vor allem: Finden Sie heraus, was Sie Ihren Mitmenschen durch Ihr Erscheinungsbild vermitteln möchten und ob Ihnen dies derzeit gelingt. Kreieren Sie Ihren persönlichen Stil, der Sie unverwechselbar macht, in dem Sie sich auch wohlfühlen und überzeugend wirken. Die Mühe lohnt sich gewiss: Jedes Produkt verkauft sich in einer ansprechenden Verpackung leichter. Und schließlich – auch das hat schon Freiherr von Knigge vor über 200 Jahren erkannt: „Jeder Mensch gilt in dieser Welt nur so viel, als wozu er sich selbst macht.“

Dialektik

I. Dialektische Beispiele

1. Der Fleißige und der Faule

Ein fauler und ein fleißiger Schüler besuchen ihren Mathematiklehrer. Wer wird sich nach Ihrer Meinung Rat holen?

Antwort: Natürlich der Fleißige.

Falsch! Der Faule; denn der Fleißige braucht keinen Rat.

Wer also? – Der Faule.

Falsch! Der Fleißige natürlich; denn der Faule hat kein Interesse an Mathematik.

Wer holt sich Rat? – Der Fleißige.

Falsch! Beide. Der fleißige Schüler hört gern den Rat, und der dumme hat ihn dringend nötig.

Wer holt sich nun Rat? – Beide.

Falsch! Keiner. Der dumme Schüler braucht keinen Rat, und der fleißige hat ihn nicht nötig.

Wissen Sie nun, was Dialektik ist?

2. Faire oder unfaire Dialektik?

Sehen Sie sich die folgenden Beispiele an: Bei welchem Beispiel wird faire, bei welchem unfaire Dialektik angewandt?

Beispiel 1: Der Wettkampf

Wenn Sie dialektisch geschult sind, könnten Sie beispielsweise über einen Sportkampf berichten: Der Läufer Meyer (mit dem Sie befreundet sind) erringt einen hervorragenden zweiten Platz, während der Läufer Schmitz (ein unangenehmer Kerl) nur als viertletzter durchs Ziel geht. Haben Sie sofort erkannt, dass Schmitz der Sieger war? Bei nur vier Läufern – kein Wunder!

Beispiel 2: Der Polizeibericht

Der Polizeibericht beschreibt den aufgegriffenen Jugendlichen als „verdreckt", „hinterhältig" und einen „Wegelagerer"; der Verteidiger bezeichnet ihn als einen „stillen, bescheidenen und hochgebildeten Clochard-Typen". Wer hat die Unwahrheit gesagt?

Beispiel 3: Das Rauchen

Ein Jesuit und ein Benediktiner – beide wollen gern rauchen. Der Benediktiner fragt seinen Abt: „Darf ich beim Beten rauchen?" Wie wird die Antwort sein? Der Abt: „Nein, mein Sohn, wenn du betest, hast du dich ganz auf Gott zu konzentrieren." Der Jesuit fragt seinen Abt: „Darf ich beim Rauchen beten?" Wie ist hier die Antwort? Der Abt: „Selbstverständlich, mein Sohn, wenn du während des Rauchens noch Zeit zum Beten findest. Wer will dir das verwehren?" Der Jesuit hat sein Ziel erreicht, während der Benediktiner sich auf das Beten konzentrieren wird.

Lösung:

Beispiel 1 = unfaire Dialektik.

Beispiel 2 = Kann nicht ohne weitere Hintergrundinformation geklärt werden.

Beispiel 3 = Unfaire Dialektik. Hier wird die Hauptsache zur Nebensache und die Nebensache zur Hauptsache gemacht.

Beispiel 4 = praktische Dialektik, rational logisch

Noch ein Beispiel: Ein Benediktiner, ein Dominikaner, ein Franziskaner und ein Jesuit sitzen in einem Zimmer. Plötzlich fällt das Licht aus. Der Benediktiner betet unbeirrt sein Stundengebet weiter, der Dominikaner referiert über das Wesen von Licht und Finsternis. Der Franziskaner lobt Gott, der den Menschen auch die verhüllende Dunkelheit schenkt und der Jesuit geht hinaus und wechselt die Sicherung aus.

II. Dialektik – Begriffsklärung

Der Begriff „Dialektik“ stammt aus dem Griechischen: dialegomai bzw. dialegesthai = sich unterhalten. Die Dialektik diente ursprünglich dazu, im Wechselgespräch die Wahrheit zu finden. Platon machte sie zur philosophischen Wissenschaft im Sinne einer angewandten Logik. Beispiele für die Dialektik als die Kunst der Unterredung, der Begriffsklärung und der Beweisführung in Frage und Antwort finden sich besonders bei Sokrates. Hegel wendet in seiner Philosophie als Wissenschaft vom Absoluten ebenfalls die dialektische Methode an. Er arbeitet mit dem Dreierschritt These, Antithese, Synthese und wurde damit zum geistigen Vater des dialektischen Materialismus.

Im Laufe der Jahre wandelte sich die Dialektik zu einer Denkmethode und Verhandlungstechnik, die es mit der Wahrheit nicht so genau nahm; im Vordergrund stand die Durchsetzung der eigenen Ziele und Gedanken – ob richtig oder falsch. Dialektik ist klar zu trennen von der Eristik (Eris = griechische Göttin der Zwietracht), die von dem Philosophen Arthur Schopenhauer entwickelt wurde. Eristik ist die „Kunst, im Streitgespräch auf jeden Fall“ – ob berechtigt oder unberechtigt – „Recht zu behalten“.

Heute wird Dialektik als „Kunst der geschickten und erfolgreichen Verhandlungsführung“ definiert. Letztlich ist es jedoch die Kunst zu überzeugen. Sie ist unabdingbar mit Grundkenntnissen in Rhetorik, Logik, Psychologie und Körpersprache verknüpft, die die Voraussetzung für die Anwendung dialektischer Methoden bilden.

III. Eine Diskussion ist keine Debatte

Dialektik zeigt sich

- nur in wenigen Gesprächen,
- in jeder Diskussion,
- in allen Debatten,
- in vielen Konferenzen und
- in zahlreichen Interviews.[19]

[19] Siehe dazu Lay, R.: Dialektik für Manager, 4. Aufl., 2003.

Wie oft sind wir vielleicht schon einer Diskussion gefolgt, die in Wirklichkeit eine Debatte war.

Lassen Sie uns deshalb die oben genannten Begriffe gegeneinander abgrenzen.

1. Das Gespräch

Im Gespräche geht es um die Fragestellung: „Was ist?". Wir unterscheiden zwischen Informations- und Kontaktgespräch. Das Vorstellungs- und Verkaufsgespräch wie auch das Anerkennungs- und Kritikgespräch nehmen hier eine Sonderstellung ein.

Folgende Merkmale sind für ein Gespräch zumeist kennzeichnend:

- unvorbereitet
- keine Regeln
- kleiner Kreis
- Thema nicht bekannt
- keine zeitlichen Vorgaben, keine Hilfsmittel
- kaum Meinungsunterschiede
- Unterhaltungston

> ! In einem Gespräch steht oft der Gesprächspartner im Vordergrund.

Sonderformen des Gesprächs

Das Kritikgespräch

Im Rahmen dieses Buches – und insbesondere der Dialektik – wollen wir uns zunächst mit dem besonders schwierigen Kritikgespräch befassen.

1. Welche Zielsetzung verbinden Sie mit dem Kritikgespräch?

Oberster Grundsatz sollte sein, dass Sie den Mitarbeiter als „Mit-Arbeiter" und nicht als Untergebenen sehen und entsprechend behandeln. Wenn er weiter mit Ihnen im Unternehmen arbeiten soll, so ist das Kritikgespräch auch entsprechend mitarbeiterorientiert aufzubauen.

Die vier Zielsetzungen des Kritikgesprächs sind: Der Mitarbeiter soll

1. zukünftig Fehler und negative Verhaltensweisen möglichst vermeiden, Einsicht zeigen.
2. seine Arbeit in fachlicher Hinsicht und führungsmäßiger (Mitarbeiter) Hinsicht korrigieren.
3. gleichzeitig zur besseren Leistung angespornt werden.
4. als positiver Motivator/Multiplikator in der Firma wirken.
5. Wertschätzung erfahren und erkennen, dass Sie auf seine Mitarbeit nicht verzichten wollen.

2. Was müssen Sie bei der Planung des Kritikgesprächs beachten?

a) Haben Sie genügend Zeit?
Es ist ein großer Fehler des Vorgesetzten, wenn er seine Kritik „zwischen Tür und Angel" anbringt. Auch der Zeitpunkt kann über Erfolg und Misserfolg eines Kritikgesprächs entscheiden.
Sehr oft wird empfohlen, das Kritikgespräch direkt vor das Ende der Dienstzeit zu legen. Der Mitarbeiter nimmt dann seine Arbeit nicht noch einmal auf, sondern kann gleich den Arbeitsplatz verlassen. Ob dies wirklich empfehlenswert ist, kann nur von Fall zu Fall entschieden werden.

b) Reagieren Ihre Mitarbeiter auf Kritik?
Stellen Sie sich mental auf Ihren Mitarbeiter ein; der Choleriker ist anders zu behandeln als das Sensibelchen. Bei einem sensiblen oder introvertierten Mitarbeiter ist es bestimmt besser, das Kritikgespräch auf den Vormittag zu legen, damit er sich danach noch bei den Arbeitskollegen aussprechen kann. Auch sollte er nicht drei Wochen vorher informiert werden, sonst schläft er nur noch sehr unruhig.

c) Haben Sie den Mitarbeiter rechtzeitig informiert?
Es ist nicht zwingend notwendig, dass beide Seiten vorbereitet in das Kritikgespräch gehen. Nach einer guten Vorbereitung ist ein konstruktives Kritikgespräch nur leichter zu führen. Selbstverständlich fehlt die Vorbereitung, wenn

der Vorgesetzte bei einer Kontrolle etwas findet, was sofort besprochen werden muss.

d) Haben Sie sämtliche Informationen gesammelt und – das ist entscheidend – nachgeprüft?
Stellen Sie sich vor, Sie müssten während des Kritikgesprächs in ein Anerkennungsgespräch „umschalten", da Ihnen die falschen Informationen vorliegen! So etwas wird auch als Führungsschwäche ausgelegt.

e) Haben Sie sich auf den Gesprächspartner eingestellt?
Es ist ein großer Unterschied, ob Ihnen ein sehr schüchterner, scheuer Mitarbeiter oder ein aggressiver, aufbrausender Mitarbeiter gegenübersitzt. Stellen Sie sich auf die Reaktion Ihres Gegenübers ein, damit Sie keine Überraschung erleben.

f) Haben Sie sich die Konsequenzen überlegt?
Ein schüchterner Mitarbeiter wird Ihnen vielleicht die „innere Kündigung" aussprechen, wenn Sie ihn nicht in der richtigen Form behandeln. Der Choleriker wird Ihnen – vielleicht – bei nach seiner Meinung unberechtigter Kritik sofort die Kündigung aussprechen.

3. Was müssen Sie bei der Organisation des Kritikgesprächs beachten?

a) Ist Ihr Büro ein Taubenschlag?
Wählen Sie unbedingt einen ruhigen Raum für das Kritikgespräch. Verschlechtern Sie also nicht durch äußere Einflüsse die gesamte Gesprächssituation.

b) Kennen Sie die Kinesik?
Um den Gesprächspartner positiv zu stimmen, sollten Sie die Regeln der Körpersprache (Kinesik) kennen und beherrschen.

Diese Regeln können den Erfolg eines Kritikgesprächs wesentlich verstärken. Für das Kritikgespräch ist wichtig:

- unter vier Augen
- über Eck setzen
- gleiche Sitzhöhe
- persönliche Distanz (0,50 m bis 2,00 m)
- keine Barrieren (wie z. B. zu tiefer Schreibtisch)
- neutraler Besuchertisch oder Besucherecke

c) Haben Sie die nachfolgenden Grundprinzipien bedacht?

Falsch (–)	Richtig (+)
1. Kritik per Telefon	= Kritik immer persönlich aussprechen
2. Kritik erst nach Wochen	= Kritik möglichst zeitnah
3. Kritik personenbezogen	= Kritik nur sachbezogen
4. Kritik mit Anerkennung vermischen	= Nur Kritik aussprechen
5. Kritik laufend wiederholen	= Einzelne Kritikpunkte als abgeschlossen betrachten

4. Was ist bei der Durchführung des Kritikgesprächs zu beachten?

Bei einem Kritikgespräch sollten Sie die Führung nicht aus der Hand geben. Denken Sie an die Fragetechnik und die Möglichkeiten der Einwandargumentation.

Folgende sechs Phasen sollte jedes Kritikgespräch durchlaufen:

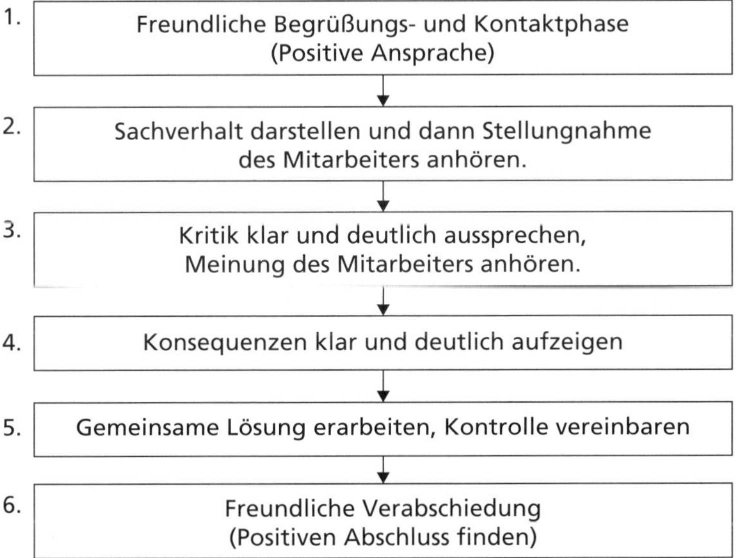

5. Was ist bei der Kontrolle des Kritikgesprächs zu beachten?

Selbstverständlich müssen Sie auch überprüfen, ob das mit Ihrem Mitarbeiter geführte Kritikgespräch erfolgreich war. Hierbei hilft Ihnen die nachfolgende Checkliste.

Checkliste: Kritikgespräch

	Haben Sie daran gedacht?	Ja	Nein
1.	War dieses Kritikgespräch überhaupt notwendig?		
2.	Habe ich mir genug Zeit genommen?		
3.	Habe ich genügend Fragen gestellt?		
4.	Habe ich den Dialog gesucht?		
5.	Habe ich positiv begonnen und positiv geendet?		
6.	War das Kritikgespräch sachlich?		
7.	Habe ich mich auch in die Lage des Mitarbeiters versetzt?		
8.	Habe ich die wichtigsten Punkte behandelt (d. h. Nebensächlichkeiten weggelassen)?		
9.	Hatte ich eine neutrale innere Einstellung?		
10.	Habe ich abgewogen, welche Konsequenzen das Kritikgespräch für den Mitarbeiter hat?		
11.	Konnte ich zuhören?		
12.	Bin ich als verbindlicher und kollegialer Chef bei meinem Mitarbeiter angekommen?		
13.	Habe ich nur den kritisierten Mitarbeiter in den Mittelpunkt gestellt und keine Vergleiche mit anderen gezogen?		
14.	Habe ich ein Protokoll geschrieben oder vom Mitarbeiter verfassen lassen? (Wenn es vom Vorgesetzten geschrieben wird, muss es dem Mitarbeiter zum Abzeichnen vorgelegt werden.)		
15.	Habe ich Kontrollen vereinbart?		
16.	Hat mein Gesprächspartner guten Willen und Einsicht gezeigt?		

Wenn Sie alle Felder mit Ja beantworten konnten: Herzlichen Glückwunsch! Ein Kritikgespräch, das bestimmt auf fruchtbaren Boden fällt: Sie haben einen zufriedenen und vielleicht auch glücklichen Mitarbeiter gewonnen, der zu einem guten Betriebsklima in Ihrem Unternehmen beitragen wird.

Das Anerkennungsgespräch – Möglichkeit zur Mitarbeitermotivation

Das Kritikgespräch füllt in den meisten Management-Büchern viele Seiten, das Anerkennungsgespräch dagegen wird wesentlich weniger ausführlich behandelt. Woran liegt das?

Ist es der Schwierigkeitsgrad des Anerkennungsgesprächs? Oder umgekehrt: Brauchen Sie als Führungskraft tatsächlich mehr Anleitung und Tipps, um ein Kritikgespräch zu führen? Oder: Fällt es jedem Vorgesetzten so leicht, seinem Mitarbeiter Anerkennung auszusprechen? Mitnichten!

Lob und Anerkennung sind für viele Vorgesetzte ein Fremdwort, da sie zu viel „Respekt" vor dem Anerkennungsgespräch haben: Sie befürchten, dass die ausgesprochene Anerkennung als Führungsschwäche gegen sie ausgelegt wird. Und sie haben Bedenken, dass, wenn sie – symbolisch gesprochen – einen Finger anbieten, der Mitarbeiter gleich die ganze Hand nimmt und alles in klingender Münze abgegolten haben will.

Dies ist nicht nur falsch gedacht, sondern im Sinne des eigenen Unternehmens ein großes Risiko: Ein guter und kreativer Mitarbeiter erwartet – und hat auch das Anrecht –, bei guter Leistung entsprechende Anerkennung zu erhalten. Oftmals wiegt echte Wertschätzung mehr als finanzielle Entlohnung.

Nicht ausgesprochenes Lob ist vorenthaltener Lohn!

Noch eine Tatsache sollte jeder Führungskraft zu denken geben: Man kann einen Menschen nicht genug loben! Mit dem Zusatz: Sofern Lob und Anerkennung ehrlich sind und nicht überzogen eingesetzt werden.

Nach den Management-Funktionen

ist es für jeden Vorgesetzten – zukünftig – kein Problem mehr, das Anerkennungsgespräch folgerichtig aufzubauen und sein Führungsfachwissen zu verbessern.

1. Welche Zielsetzung ist mit dem Anerkennungsgespräch verbunden?

Die Zielsetzungen sind:

1. Das Selbstwertgefühl und die Selbstsicherheit des Mitarbeiters sollen erhöht werden.
2. Der Mitarbeiter soll Erfolgserlebnisse im beruflichen Bereich haben.
3. Der Mitarbeiter soll sich im Betrieb bestätigt fühlen.
4. Der Mitarbeiter soll zu weiteren und höheren Leistungen angespornt werden.
5. Der Mitarbeiter soll sich noch stärker an das Unternehmen gebunden fühlen.
6. Der Mitarbeiter soll als Multiplikator/Motivator auf die anderen Kollegen wirken.

2. Was müssen Sie bei der Planung des Anerkennungsgesprächs beachten?

a) Haben Sie genügend Zeit?

Es ist ein großer Fehler des Vorgesetzten, wenn er seine Anerkennung im Vorübergehen ausspricht. Auch der Zeitpunkt kann über Erfolg und Misserfolg eines Anerkennungsgesprächs entscheiden. Direkt nach Dienstbeginn oder kurz vor Feierabend sind denkbar ungünstige Momente.

b) Wollen Sie den Gesprächspartner vorher über das Gespräch informieren?

Es ist nicht unbedingt notwendig, dass Sie Ihrem Gesprächspartner das Anerkennungsgespräch ankündigen. Doch kann die Vorabinformation des Mitarbeiters bereits zu einer Leistungssteigerung und einer entsprechenden Motivation führen.

c) Haben Sie sämtliche Informationen gesammelt, die Sie für das Anerkennungsgespräch benötigen, und sie auch nachgeprüft?

Sie müssen sich darum bemühen, den Ausgangspunkt aller Informationen, die zum Anerkennungsgespräch Anlass geben, zu bekommen. Nur so können Sie Fehlerquellen und Gerüchte vermeiden. Nichts wäre für den Vorgesetzten schlimmer als ein nicht berechtigtes Lob und ein ungenügender Informationsstand.

d) Wie hat der Mitarbeiter bisher auf Anerkennung reagiert, oder wie wird er reagieren?

Es kann zweckmäßig sein, Ihr Lob zu dosieren, damit Ihr Anerkennungsgespräch nicht zu überzogenen Wunschvorstellungen Ihres Mitarbeiters führt.

e) Wie werden seine Kollegen auf die ausgesprochene Anerkennung reagieren?

Führt Lob und Anerkennung zu Neid und Missverständnissen im Kollegenkreis, liegt der Fehler unter Umständen bei Ihnen. Versuchen Sie herauszufinden, wo

f) Werden keine Eingriffe in persönliche/private Bereiche vorgenommen?

Achten Sie darauf, dass Sie nicht – obgleich positiv gemeint – zu viele Fragen zu Familie, Hobbys und Urlaub stellen. Diese werden sehr oft gegen Sie ausgelegt.

3. Was sollten Sie bei der Organisation des Anerkennungsgesprächs beachten?

a) Ist Ihr Büro ein Taubenschlag?

Wählen Sie unbedingt einen ruhigen Raum für das Anerkennungsgespräch. Verschlechtern Sie die positive Gesprächssituation nicht durch äußere negative Einflüsse.

b) Kennen Sie die Regeln der Körpersprache?

Um den Partner besonders positiv zu stimmen, sollten Sie die Kinesik (= Körpersprache) (s. Buchteil zu Kinesik) kennen und beherrschen. Diese Regeln können den Erfolg des Anerkennungsgesprächs verstärken.

Im Anerkennungsgespräch wie im Kritikgespräch gilt:

- unter vier Augen
- über Eck setzen
- gleiche Sitzhöhe
- persönliche Distanz (0,50 m bis 2,00 m)
- keine Barrieren (wie z. B. zu tiefer Schreibtisch)
- neutraler Besuchertisch oder Besucherecke

Außerdem ist bei der Organisation zu berücksichtigen:

Falsch (–)	**Richtig (+)**
Anerkennung per Telefon	Anerkennung immer persönlich aussprechen
Anerkennung vor Dritten	Anerkennung unter vier Augen, es sei denn: Pauschallob ist möglich
Anerkennung erst nach Wochen	Anerkennung möglichst bald aussprechen
Anerkennung sehr emotional	Anerkennung sachlich und sachbezogen
Anerkennung mit Kritik vermischen	Anerkennung ohne kritische Untertöne
Anerkennung laufend wiederholen	Anerkennungspunkte als abgeschlossen betrachten

4. Was ist bei der Durchführung des Anerkennungsgesprächs zu beachten?

Jedes Anerkennungsgespräch durchläuft folgende sechs Phasen:

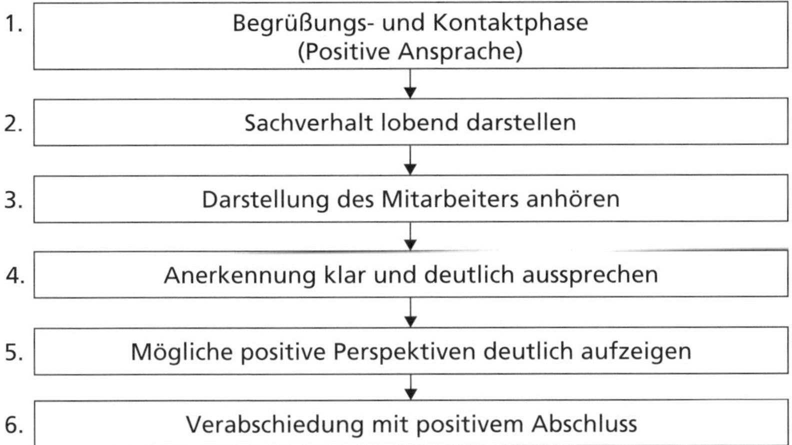

5. Was ist bei der Kontrolle des Anerkennungsgesprächs zu beachten?

Selbstverständlich müssen Sie auch nach einem – sich selbst vorgegebenen – Zeitraum kontrollieren, ob das mit Ihrem Mitarbeiter geführte Anerkennungsgespräch Ihre Zielsetzung und den Zweck erfüllt hat.

Nachfolgend eine Checkliste mit 14 Punkten, die Ihnen bei jedem Anerkennungsgespräch helfen wird:

Checkliste: Anerkennungsgespräch

Haben Sie daran gedacht?		Ja	Nein
1.	War dieses Anerkennungsgespräch angebracht?		
2.	Habe ich mir ausreichend Zeit genommen?		
3.	Habe ich genügend Fragen gestellt, die den Mitarbeiter motivieren?		

4.	Habe ich den Dialog gesucht?		
5.	Habe ich besonders positiv begonnen und positiv geendet?		
6.	War das Anerkennungsgespräch sachlich und doch persönlich?		
7.	Habe ich mich auch in die Lage des Mitarbeiters versetzt?		
8.	Habe ich nur die wichtigsten Punkte behandelt (d.h. Nebensächlichkeiten, Abschweifungen ausgelassen)?		
9.	Hatte ich eine positive innere Einstellung?		
10.	Habe ich mir genau überlegt, welche Konsequenzen das Anerkennungsgespräch für den Mitarbeiter haben kann?		
11.	Konnte ich aktiv zuhören?		
12.	Habe ich die Stärke meiner Position in den Hintergrund gestellt?		
13.	Habe ich den Mitarbeiter gelobt und nicht die Kollegen in den Vordergrund gestellt?		
14.	Wurde mein Gesprächspartner aktiviert?		

Wenn Sie alle Fragen mit Ja angekreuzt haben, dann haben Sie ein hervorragendes Anerkennungsgespräch geführt.

> Sehen Sie jedes Anerkennungsgespräch an wie eine Versicherungspolice: Sie muss von Zeit zu Zeit erneuert werden!

2. Die Diskussion

Die Fragestellung lautet hier: „Was können wir verbessern?"

Die drei Diskussionsarten

Es gibt im Wesentlichen drei Diskussionsformen:

a) Aussprache
Ziel: gemeinsame Stellungnahme, Missverständnisse ausräumen

b) Meinungsaustausch
Ziel: Die Meinung eines anderen erfahren mit der Möglichkeit sofortiger Rückfrage

c) Meeting
Ziel: Klärung von Sachverhalten mit dem Ziel einer Einigung

Meetings sind heutzutage Verschiebebahnhöfe für ungelöste Probleme.
(Richard Burton)

In den nachfolgenden Ausführungen geht es um Meetings/Konferenzen, denn jede Stunde eines Meetings kostet zwischen fünfhundert und mehreren tausend Euro (Zeit der Mitarbeiter, Stundensatz, Räume etc.). Das Meeting soll auch gleichzeitig ein Informations- und Motivationsinstrument für jede Führungskraft sein.

Die Merkmale eines Meetings sind:

- gute Vorbereitung
- größerer Kreis (jedoch möglichst nicht über 10 Teilnehmer)
- bestimmte Zielvorstellungen
- möglichst neutrale Leitung
- unterschiedliche Standpunkte
- höhere Gesprächstemperatur (im Gegensatz zu der niedrigen Temperatur bei Gesprächen)
- ergebnisorientiert
- klare Spielregeln
- Ergebnis sollte von allen mitgetragen werden

> ! In einer Diskussion/einem Meeting geht es meist um die Sache.

Untersuchungen in deutschen Unternehmen haben ergeben, dass 25 bis 40 Prozent der Zeit unnütz vertan werden. Dies beginnt schon bei der fehlenden Zielsetzung und der ungenügenden Planung des Meetings und endet oft bei der fehlenden Meetingkontrolle.

Idealerweise entspricht der Ablauf eines Meetings den folgenden fünf Management-Funktionen:

Vorab ist immer zu überlegen, ob diese Konferenz/dieses Meeting überhaupt notwendig ist. Es grassiert in den Unternehmen sehr stark die „Meeteritis“, und es gibt eine Vielzahl von „Montagmorgen-Frühstücks-Meetings“. Diese sind seit vielen Jahren für diesen Zeitpunkt anberaumt und werden auch nicht abgesetzt.

Wenn bei diesen Meetings nicht die Motivation der Mitarbeiter die Zielsetzung ist (dies kann tatsächlich eine Zielsetzung sein), so sollte man sie schleunigst abschaffen!

a) Zielsetzung des Meetings

Für die Zielsetzung des Meetings sind Vorüberlegungen anzustellen wie:

- Was will ich mit diesem Meeting erreichen?
- Welches ist das minimale und welches das maximale (optimale) Ergebnis, das ich in diesem Meeting erzielen kann?
- Bin ich überhaupt bereit, von meiner Meinung abzurücken?

- Handelt es sich um eine Dienstbesprechung[20] oder eine Mitarbeiterbesprechung?
- Habe ich mir die genaue Zielsetzung des Meetings überlegt?
  - im Sinne des Unternehmens?
  - im Sinne der Mitarbeiter/Kollegen?

b) Konferenzplanung

Im Rahmen der Planung des Meetings sollte Folgendes überlegt werden:

- Ist das vorgesehene Thema präzise formuliert?
- Ist die Thematik (positiv) in Frageform gestellt?[21]
- Habe ich mich auf das Niveau der Teilnehmer eingestellt?
- Habe ich mich auf unangenehme Fragen genügend vorbereitet?
- Von welcher Seite erhalte ich Unterstützung und von welcher Seite muss ich eventuell mit Angriffen rechnen?
- Wen lade ich zu dieser Konferenz ein?

Es sollten möglichst nicht mehr als zehn ausgewählte Personen an einem Meeting teilnehmen, da die Teilnehmer sonst gar nicht zu Wort kommen. Ungünstig ist es auch, wenn die Teilnehmer zu unterschiedliche Positionen bekleiden.

Auch eine Zahl unter fünf ist selten empfehlenswert, da dann oft nicht genügend Diskussionsstoff und Meinungen vorhanden sind.

c) Meetingorganisation

Bei der Organisation des Meetings sind zwei Punkte zu berücksichtigen:

- die technische Organisation
- der Meetingraum

Zur technischen Organisation gehört u. a. die schriftliche Einladung, in der man das genaue Thema, den Ort (unter Umständen Anreisemöglichkeit), die Zeit und die Länge des Meetings

---

[20] Bekanntgabe eines Ergebnisses mit anschließender Diskussion.

[21] Statt: Unsere hohe Fluktuationsrate, besser: Wie können wir unsere Fluktuationsrate senken?

bekannt gibt. Es sollte auch darauf hingewiesen werden, dass um pünktliches Erscheinen gebeten wird.

Der Raum, in dem das Meeting stattfindet, sollte möglichst ruhig und störungsfrei gelegen sein. Er muss entsprechend der Anzahl der Meetingteilnehmer genug Platz bieten, darf jedoch nicht so groß sein, dass sich die Meetinggruppe im Saal „verliert". Lüftung, Heizung, aber auch Klimaanlage sind – je nach Jahreszeit – zu prüfen und eventuell zu regulieren. Es ist möglichst ein Raum mit Tageslicht zu wählen. Die Lichtverhältnisse müssen überprüft werden, damit kein Teilnehmer direkt ins Licht schauen muss. Es sollte jedoch nur eine Seite des Raumes mit Fenstern versehen sein, da sonst die Gefahr besteht, dass die Teilnehmer zu sehr abgelenkt werden.

Hier noch einige Tipps:

- Für die nötigen Hilfsmittel ist zu sorgen (Flipchart mit Stiften, Whiteboard, Laptop, Beamer und Leinwand).
- Wenn es nur einen Tisch, gibt sollte er möglichst rund sein. Stehen die Tische im Quadrat/Rechteck sollten grundsätzlich nur die Außenseiten der Tische besetzt sein.
- Die Teilnehmer sollten sich gut sehen können.
- Sollte sich die Gruppe nicht kennen, sind vorher Namensschilder anzufertigen.
- Bei Meetings, die in Hotels oder auch im Unternehmen stattfinden, ist sicherzustellen, dass das Meeting nicht durch Telefonanrufe gestört wird.
- Die Teilnehmer sollten ihren Sitzplatz möglichst frei wählen können.
- Es sollte eine Erfrischung bei längeren Meetings für jeden Teilnehmer bereitstehen.

d) Durchführung des Meetings

Ich hab für Sie im Folgenden 40 Punkte zusammengestellt, die für den Durchführenden eines Meetings bzw. für den Leiter eines Meetings besonders wichtig sind.

Checkliste: 40 Punkte für ein Meeting

Nr.	Der Leiter	Beachtet	
		Ja	Nein
1.	sorgt für den Kontakt unter den Teilnehmern noch vor Beginn des Meetings	☐	☐
2.	prüft vorher die Licht- und Raumverhältnisse	☐	☐
3.	hat die Hilfsmittel organisiert (Flipchart, Whiteboard, Laptop, Beamer etc.)	☐	☐
4.	hat die Unterlagen verteilt bzw. bereitgelegt	☐	☐
5.	hat dafür gesorgt, dass jeder jeden sehen kann	☐	☐
6.	achtet darauf, dass konträr eingestellte Teilnehmer (möglichst) nicht zusammensitzen	☐	☐
7.	ist für den pünktlichen Beginn verantwortlich	☐	☐
8.	begrüßt die Teilnehmer und eröffnet mit einem positiven Gedanken das Meeting	☐	☐
9.	gibt die organisatorischen Einzelheiten bekannt	☐	☐
10.	nennt den Zeitraum, der für das Meeting vorgesehen ist	☐	☐
11.	bittet die Teilnehmer, sich an die vorgegebene Zeit zu halten	☐	☐
12.	umreißt das Thema mit den zu behandelnden Problemen (möglichst in Frageform)	☐	☐
13.	nennt die Ziele der Konferenz (die er sich vorher überlegt hat)	☐	☐

Nr.	Der Leiter	Beachtet Ja	Beachtet Nein
14.	fordert zu Beginn jeden Teilnehmer zu einer Stellungnahme auf, um die persönliche Meinung der Einzelnen zu ermitteln	☐	☐
15.	gliedert danach die Aussagen in einzelne Themenbereiche	☐	☐
16.	ist unparteiisch und liefert keine persönlichen Beiträge	☐	☐
17.	notiert die Reihenfolge der Wortmeldungen	☐	☐
18.	erteilt das Wort – außerhalb der festgelegten Reihenfolge – nur bei direkter Kritik/Provokation eines der Teilnehmer	☐	☐
19.	unterbricht notfalls, um die anderen Teilnehmer nicht zu benachteiligen	☐	☐
20.	spricht die Teilnehmer öfter mit Namen an	☐	☐
21.	gibt niemals die Führung ab	☐	☐
22.	setzt selbst möglichst visuelle Hilfsmittel ein	☐	☐
23.	kann auch aktiv zuhören und spricht nur das absolute Minimum	☐	☐
40.	schließt mit einem persönlichen Wort	☐	☐

Auch für die Teilnehmer des Meetings gelten viele in dieser Checkliste genannte Punkte.

Die Teilnehmer sollten grundsätzlich beachten, dass sie niemals den Meetingleiter angreifen, da dieser die Wortverteilung festlegt: Der Leiter des Meetings entscheidet sehr oft über das Meetingergebnis.

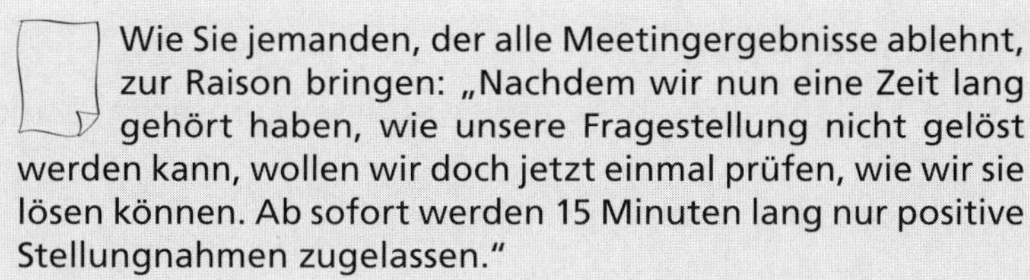

Wie Sie jemanden, der alle Meetingergebnisse ablehnt, zur Raison bringen: „Nachdem wir nun eine Zeit lang gehört haben, wie unsere Fragestellung nicht gelöst werden kann, wollen wir doch jetzt einmal prüfen, wie wir sie lösen können. Ab sofort werden 15 Minuten lang nur positive Stellungnahmen zugelassen."

e) Meetingkontrolle

Der Leiter des Meetings wie auch Meetingteilnehmer können anhand der obigen Checkliste überprüfen, inwieweit sie sich an die Spielregeln gehalten und das Ziel des Meetings erreicht haben. Sie sollten schriftlich festhalten, was sie bei ihrem nächsten Meeting beachten wollen.

Wenn Sie nur drei bis fünf zusätzliche Punkte in jedem Meeting beachten, werden Sie nach kurzer Zeit der ideale Meetingleiter bzw. -teilnehmer sein. Wenn es Ihnen beim nächsten Meeting gelingt, nur 10 Prozent mehr Meetingergebnis – statt Meetingleerlauf – herauszuholen, hat sich das Bewusstmachen der oben aufgeführten Punkte schon gelohnt.

Legen Sie deshalb unbedingt eine Geschäftsordnung für Meetings an, die die Grundregeln jedes Meetings beinhaltet. Show-Auftritte und „Ohne-mich-Haltung" einzelner Teilnehmer sind dann kaum noch möglich.

Es sollte nicht der Satz von Karl Farkas gelten: „Ein Meetingsaal ist ein Ort, wo viele hineingehen und wenig herauskommt."

3. Die Debatte

Die Debatte hat ihre Wurzel im Französischen débattre = schlagen. „Wie können wir gewinnen?" ist bei einer Debatte die Fragestellung. Schön wäre: Wir wollen gewinnen, ohne zu siegen. Doch das ist (leider) Wunschdenken.

Der Sieg der Gruppe oder Partei geht vor den persönlichen Erfolg und ist somit eine Sache des Teamworks. Es soll nicht der Gegner, sondern ein Dritter gewonnen werden. Wie oft wird das heutzutage vergessen!

Die Debatte ist also ein Kampfgespräch zwischen zwei Gruppen.

Die Merkmale sind:

- Blickkontakt zu Dritten
- große Versammlung bzw. große Kulisse (Fernsehen, Rundfunk etc.)
- Repräsentanten bestimmter Gruppen
- genau festgelegte Streitfragen
- straffe und (unbedingt) neutrale Leitung
- stark gegensätzliche Meinungen
- Gesprächstemperatur sehr hoch
- keine Einigung der Gesprächsparteien, keine Kompromissbereitschaft
- Entscheidung durch Dritte (z. B. durch Fernsehpublikum oder durch den Wähler)

Die Regeln der Debatte können Sie in der Geschäftsordnung des Deutschen Bundestages unter www.bundestag.de nachlesen.

 Grundsätzlich geht es in der Debatte um den Sieg.

In der Praxis wird ein Gespräch des Öfteren zu einer Diskussion. Und eine ursprüngliche Diskussion kann zu einem Gespräch im Unterhaltungston werden.

4. Das Interview

„Wie ist Ihre Meinung?“ ist hier die Frage.

Wir unterscheiden das

- Einzelinterview und das
- Kreuzfeuer-Interview.

Im **Einzelinterview** stellt der Interviewer den anderen vor. Es herrscht eine positive Grundstimmung. Der Interviewte wird objektiv zu einem Sachverhalt oder zu der Person um Stellung gebeten.

Im **Kreuzfeuer-Interview** besteht immer eine negative Grundeinstellung. Der Interviewer versucht, die Schwächen des Interviewten besonders herauszustellen. Eine „Spielart“ des Kreuzfeuer-Interviews ist die im Fernsehen inzwischen praktizierte Gegenrede: Vor Beginn des Kreuzfeuer-Interviews werden viele negative Schlagzeilen über den Interviewten genannt.

In einem Interview geht es um die Person und deren Meinung.

An einem Beispiel zum Thema „Unfall" sollen noch einmal die grundsätzlichen Unterschiede aufgezeigt werden.

Gespräch: Was ist geschehen?

Unterhaltung über einen Unfall, den der Gesprächspartner – anlässlich einer Reise – erlebt hat.

Diskussion: Wie lassen sich Autounfälle vermeiden?

Herr S. vertritt die Meinung, dass man auch auf Autobahnen eine Obergrenze von 100 km/h festlegen soll. Herr L. ist lediglich für vorsichtigere Fahrweise.

Debatte: Wie setzen wir unsere Meinung durch, dass Autofahren in Relation zu vielen unnötigen Unfällen führt?

Herr Meyer von der Partei X und Herr Schulze vom Automobilverband nehmen an einer öffentlichen Debatte teil, die „Autofahren – zu gefährlich?" zum Thema hat. Herr Meyer ist mit seinen Parteifreunden grundsätzlich gegen zu schnelles Autofahren, während Herr Schulze – als Vertreter des Automobilverbandes – die entgegengesetzte Meinung vertritt.

Konferenz: Wie können wir die Unfallquote in unserem Betrieb senken?

Interview:

Einzelinterview: Wie gefährlich ist Ihrer Meinung nach das Autofahren?

Kreuzfeuer-Interview: Warum sind Sie ein Risiko für jeden verantwortungsvollen Autofahrer?

IV. Methoden der Dialektik

1. Die faire Dialektik

Das Ziel der fairen Dialektik ist es, den Gegner persönlich und sachlich für die eigenen Argumente zu gewinnen. Denken Sie immer daran, dass Gesprächspartner Ihnen nur kurze Zeit (maximal 45 Sekunden) intensiv zuhören. Danach lässt die Konzentration schnell nach. In welchem Maße und wann sich das Interesse dem Gesprächspartner oder Sprecher wieder zuwendet, ist sehr unterschiedlich und hängt von vielen Faktoren ab.

Voraussetzungen für den Erfolg

Jedes Gespräch, jede Diskussion, jede Debatte erfordert unterschiedliche Taktiken, Regeln und Verhaltensweisen. Folgende Vorbedingungen, die auch für die Rhetorik zutreffen, erleichtern den Verhandlungserfolg und sollten immer beachtet werden:

- Grundsätzlich müssen Sie von Ihren eigenen Aussagen überzeugt sein. Nur wer seine Meinung ehrlich vertreten kann, darf auf einen Verhandlungserfolg hoffen.
- Versuchen Sie, den Blickkontakt zu Ihrem Gesprächspartner zu halten. Ein unsicherer Blick bzw. das Ausweichen des eigenen Auges auf Gegenstände im Raum führt unabdingbar zu einer schlechten Ausgangslage und kann zusätzlich den Eindruck von Desinteresse und Arroganz erwecken. Einen „Kampf mit den Augen" gewinnen Sie leichter, wenn Sie einem unfairen Gegner – und nur diesem – nicht in die Augen, sondern genau zwischen die Augen (Nasenwurzel) schauen.
- Überlegen Sie vorher, wen Sie ansprechen und für Ihre Zwecke gewinnen wollen.
  In den USA verloren mehrere Präsidentschaftskandidaten, weil sie in den wichtigsten Fernsehdebatten nicht die Zuschauer – und damit ihre Wähler –, sondern immer nur die Gegenkandidaten ansprachen. Dies galt auch vor vielen Jahren für den Oberbürgermeisterposten in Berlin: Der Anwärter versuchte nur sein Gegenüber zu überzeugen und nicht die Wähler. Gewonnen hat der Kandidat, der in allen Fernsehrunden zum Publikum sprach.

- Wählen Sie die passende Kleidung, die von Ihnen zu dieser Gelegenheit erwartet wird.
  Melvin Belli, einer der Staranwälte der USA, trug vor einem amerikanischen Militärgericht maßgearbeitete Texasstiefel und selbstverständlich die Rosette der „Honorary Legion of Army"... genau richtig.
- Bleiben Sie ruhig. Lassen Sie sich nicht provozieren oder in die Enge treiben.
- Geben Sie sich so, wie es Ihrem Wesen und Ihrer Art entspricht.

Folgende Methoden können Sie einsetzen, wenn Sie angegriffen werden:

1. „Beispiele beweisen nichts! Folgendes Beispiel zeigt doch, dass auch Sie ..."
2. Geben Sie Fehler zu, wenn diese (allgemein!) bekannt sind: „Ich habe aus meinen Fehlern gelernt.", „Irren ist menschlich". Doch versuchen Sie auch, den Irrtum des anderen zu übergehen.
3. Versuchen Sie, das Wohlwollen des Gesprächspartners zu gewinnen und seine Gefühle anzusprechen. Sie kommen damit weiter, als wenn Sie nur an den Verstand appellieren. Erkennen Sie die Verdienste des anderen an.
4. Vermeiden Sie die Andeutung von Rechtsmitteln. Das zeigt sonst, dass Sie mit den Methoden der fairen Dialektik nicht zu Ihrem Recht gelangen. Ausnahme: Mit Absicht unrichtig dargestellte Aussagen und Beleidigungen können Sie mit der Androhung von Rechtsmitteln unterbinden: „Wenn Sie diese bewusst falsche Aussage nicht zurücknehmen, so sehe ich keine andere Möglichkeit, als gerichtlich gegen Sie vorzugehen."
5. Würdigen Sie die persönlichen Bemühungen Ihres Gesprächspartners. Versetzen Sie sich in seine Lage und weisen Sie ihm nach, dass Sie gerade unter diesen Bedingungen anders handeln würden (captatio benevolentiae). „Wir wissen, dass Sie Spezialist für diese Verfahrensfragen sind und erkennen Ihre Verdienste insbesondere auf diesem Gebiet an. Gerade daher ..."

6. Betonen Sie das Gemeinsame. Zeigen Sie, dass Sie in vielen Punkten mit Ihrem Gegenüber einig sind. Dies hilft Ihnen, Aggressionen abzubauen, und dient dazu, eine positive Atmosphäre zu schaffen. „Ich freue mich, dass wir in diesem Punkt völlig übereinstimmen …"
7. Den Gesprächspartner interessieren nicht die Vorteile, die Sie erzielen werden. Zeigen Sie deshalb Vorteile auf, die er aus der Annahme Ihrer Argumente gewinnt. „Bedenken Sie, mit welchen betrieblichen Vorteilen die Durchführung dieses Projekts für Sie verbunden ist."
8. Beenden Sie Ihre (stets kurzen) Ausführungen mit einer Frage. Dies führt bei einer laufenden Wiederholung zu einer Schwächung der gegnerischen Seite. „Meinen Sie nicht?" – „Glauben Sie nicht, dass …?" Zur Vermeidung von Provokation können Sie ebenfalls die Fragetechnik anwenden. Fügen Sie lediglich den Zusatz „auch" hinzu. „Meinen Sie nicht auch?" – „Auch hier sollte eine vernünftige Lösung möglich sein." Man spricht hier auch von „pädagogischer Dialektik".
9. Stellen Sie nie allgemeine Behauptungen auf, die sehr leicht angreifbar sind. Wählen Sie Vergleiche oder konkrete Einzelbeispiele, und visualisieren Sie Sachverhalte. Nicht ohne Grund ließ sich der amerikanische Staranwalt Melvin Belli bei seiner Gerichtsverhandlung in Deutschland einen Flipchart in den Gerichtssaal stellen – denn bildhafte Vergleiche bleiben länger im Gedächtnis.
10. Spielen Sie alle Argumente aus. Merken Sie sich jedoch folgende Reihenfolge: Sollten Sie fünf Argumente unterschiedlicher Bedeutung haben, so wählen Sie zu Anfang nie das stärkste und am Schluss nie das schwächste. An letzter Stelle sollten Sie das stärkste und an erster Stelle das zweitstärkste Argument „präsentieren". Auch zeitlich sollten Sie diesen Argumenten selbstverständlich größeres Gewicht geben.
11. Wenn der (schwächere) Gegner bei den Zuhörern Mitleidsreaktionen auslöst, so nutzen Sie dies. Zeigen Sie Hilfsbereitschaft und bieten Sie Ihre ehrliche Unterstützung an.
12. Übersetzen Sie Schlagworte und Jargon in ein besseres Deutsch. Sie gewinnen damit die Sympathie der Zuhörer. „Sie meinen hiermit …"

13. Fehlen Gegenargumente, so erklären Sie sich nicht für zuständig, da es sonst nach Kapitulation von Ihrer Seite aussieht. „Zu dieser Frage möchte ich meinen zuständigen Sachbearbeiter heranziehen, der Ihnen gern eine entsprechende Auskunft erteilen wird." Dies wirkt umso glaubhafter, je höher Ihre Dienststellung ist.
14. Zwingen Sie Ihren Gesprächspartner, bestimmte Begriffe zu definieren. Sie werden feststellen, wie leicht er in Verwirrung gebracht werden kann. Wer kann schon eine unangreifbare Definition geben? Versuchen Sie es einmal mit dem Begriff „Honig"[22]. Frei nach Voltaire: „Bevor ich mit Ihnen über etwas reden kann, müssen Sie Ihre Ausdrücke erst definieren!"
15. a) Jedes Ding hat zwei Seiten. Ein Automobil aus dem Jahre 1934 ist für den einen „ein schrottreifes Vehikel", während es für den anderen „ein einmaliger origineller Oldtimer" ist. Auf den Standpunkt kommt es an. Nutzen Sie diese subjektiven Vorstellungen für Ihre Zwecke.
    b) Sehr gut ist der Einwand von „Theorie und Praxis": „Theoretisch können Sie mit dieser Aussage Recht haben, doch in der Praxis ..."
    c) Auch der Einwand, wie „relativ die Äußerung ist", erzielt Wirkung. Wie ist es z. B. mit der Relativität in der Mode?

---

[22] „Honig, flüssiges, dickflüssiges oder kristallines Lebensmittel, das von Bienen erzeugt wird, indem sie Blütennektar, andere Sekrete von lebenden Pflanzenteilen oder auf lebenden Pflanzen befindliche Sekrete von Insekten aufnehmen, durch körpereigene Sekrete bereichern und verändern, in Waben speichern und dort reifen lassen", so zu lesen in der Bundeshonig-Verordnung. Ferner wird definiert und unterschieden zwischen Blütenhonig, Honigtauhonig, Wabenhonig oder Scheibenhonig, Honig mit Wabenteilen, Tropfhonig, Schleuderhonig, Presshonig, Speisehonig, Backhonig oder Industriehonig. In der Honigverordnung von 1930 war der Text im Reichsgesetzblatt eineinhalb Seiten lang. Die jetzige Bundeshonigverordnung umfasst dreieinhalb Druckseiten!

Die Relativität in der Mode

Ein fesches Kleid wirkt

– skandalös	:	20 Jahre vor seiner Zeit
– unzüchtig	:	15 Jahre vor seiner Zeit
– schamlos	:	12 Jahre vor seiner Zeit
– gewagt	:	5 Jahre vor seiner Zeit
– unmodisch	:	1 Jahre nach seiner Zeit
– scheußlich	:	5 Jahre nach seiner Zeit
– lächerlich	:	10 Jahre nach seiner Zeit
– kurios	:	15 Jahre nach seiner Zeit
– amüsant	:	20 Jahre nach seiner Zeit
– bezaubernd	:	50 Jahre nach seiner Zeit
– romantisch	:	70 Jahre nach seiner Zeit
– wunderschön	:	100 Jahre nach seiner Zeit

16. Fangen Sie die Argumente Ihrer Gesprächspartner durch die „Ja-aber-Methode" ab. Diese Methode nimmt Ihrer Erwiderung die Schärfe und führt zu weniger Angriffsfläche. Allerdings sollte die Redewendung „Ja, aber" durch eine elegantere Formulierung (z. B.: „Sie haben grundsätzlich Recht, nur …") ersetzt werden.
17. Wenn Sie die Argumente Ihres Gesprächspartners kennen, so nehmen Sie diese vorweg. Das zeigt, dass Sie sich mit möglichen Einwänden beschäftigt haben, und gibt Ihnen gleichzeitig die Möglichkeit, etwaige Angriffsmomente schon rechtzeitig auszuschalten oder abzubauen.
18. Brechen Sie nie selbst das Gespräch, die Diskussion oder die Debatte ab. Verwenden Sie keine Standardsätze und Floskeln („Ich meine, das wär's."), sondern versuchen Sie immer, zu einem für beide Seiten akzeptablen Ergebnis zu gelangen.

2. Die unfaire Dialektik

Die Jesuiten – als Scharfschützen der Dialektik allgemein bekannt – verstehen es, geschickt und erfolgreich auch unfaire Partner in Verhandlungen und Debatten für sich zu gewinnen. Die Methoden fairer Dialektik sind durch zahlreiche Publikationen schnell bekannt geworden. Über unfaire Dialektik, die auf jeden Fall abzulehnen ist, gibt es jedoch kaum Veröffentlichungen. Doch wie wollen Sie sich gegen jene Tricks und Attacken wappnen, die Sie nicht oder zu spät erkennen? Wie entscheidend ist es aber, gerade unfaire Gesprächspartner in Verhandlungen und Diskussionen in den Griff zu bekommen!

Hier nun 22 Methoden unfairer Dialektik und – was viel wichtiger ist – wie Sie Ihnen mit zwei praktikablen Lösungsvorschlägen A und B begegnen können. Vorschlag C sollte Sie jedoch nachdenklich stimmen: Er ist ein Beispiel aus dem Bereich der unfairen Dialektik.

1. Wissenschafts-Taktik

Der Gesprächspartner arbeitet mit Lehrmeinungen: Er zitiert Mao, Aristoteles, Lenin. Noch gefährlicher: Er zitiert absichtlich falsch und fragt Sie, ob Ihnen nichts aufgefallen ist. Wer kennt schon die Aussagen bestimmter Persönlichkeiten im Einzelnen?

Begegnung:

A „Ich kenne dieses Zitat nicht "

B „Ihre Meinung interessiert mich sehr."

C „Wenigstens auf diesem Gebiet sind Sie der Fachmann."
„Wann und zu welchem Anlass ...?"

2. Ad-personam-Taktik

Eine der bekanntesten Methoden der unfairen Dialektik: Nicht die Sache, sondern die Person angreifen. Der Gegner bringt keine sachlichen Argumente, sondern wird persönlich. Zum Beispiel: „Die Farbe Ihres Jacketts entspricht auch Ihrer geistigen Haltung" (Grau in Grau). Hier dürfen Sie ausnahmsweise schärfer reagieren.

Begegnung:

A „Vielen Dank für Ihren unfairen Angriff."

B „Wenn es der Diskussion nützt, ziehe ich gern mein Jackett aus."
„Glauben Sie, dass Ihre Meinung zu meinem Jackett zur Klärung des Sachverhalts beiträgt?"

C „Wussten Sie nicht, dass ich nur mein Jackett täglich wechsele?" (Im Sinne von Meinungsänderung des unfair Debattierenden)

3. Laien-Taktik

Ihr Gegenüber spielt den Ungläubigen. Wie leicht werden wir alle verwirrt, wenn er feststellt: „Das verstehe ich nicht. Können Sie das bitte noch einmal erklären?"

Begegnung:

A „Gern komme ich später darauf zurück."

B „In meinen nachfolgenden Äußerungen werde ich nochmals darauf eingehen."

C „Dass Sie nichts hören, liegt an mir. Dass Sie nichts verstehen, liegt an Ihnen!"
„Blamieren Sie doch nicht Ihre Eltern."

4. Verschleierungstaktik

Der Gesprächspartner beginnt mit der Äußerung: „Fassen Sie es bitte nicht als Kritik an Ihrer Person auf" oder „Nehmen Sie es nicht persönlich." Sie können sicher sein, dass es sich dann um eine persönliche Kritik handelt. Im Gegenteil: Die Zuhörer werden sogar direkt darauf hingewiesen, dass Sie jetzt kritisiert werden.

Begegnung:

A „Ich bin Ihnen dankbar für diese Stellungnahme, jedoch …"

B „Ich bin enttäuscht über Ihre Äußerung."

C „Sie kritisieren doch nur!"
„Kann ich Ihnen etwas persönlich nehmen?"

5. Vorwurfstaktik

Ihr Gesprächspartner überhäuft Sie mit Vorwürfen. Meist handelt es sich um eine Aneinanderreihung von Warum-Fragen: „Warum haben Sie …?", „Warum wollen Sie …?"

Begegnung:

A „Darf ich Ihre Fragen im Einzelnen beantworten?"

B „Das verstehe ich nicht. Wie kommen Sie zu …?"

C „Aus welchen Gründen wagen gerade Sie es, mir diese Fragen zu stellen?"

6. Unterbrechungstaktik

Ihr Gegenüber zermürbt Sie durch laufende Unterbrechungen: „Sie wiederholen sich", „Wo haben Sie das denn aufgeschnappt?".

Begegnung:

A „Im Sinne aller möchte ich Sie doch bitten …"

B „Haben wir nicht gewisse Spielregeln aufgestellt?"

C „Man kann es nicht oft genug – für Sie – wiederholen."

7. Großzügigkeitstaktik

Begründen Sie Ihre wohlüberlegte Meinung mit genauem statistischen Material, so bezeichnet er Sie als „Pfennigfuchser" und als „klein kariert" oder er sagt: „Man muss doch an die Gesamttendenz, an die große Linie denken, Herr Kollege."

Begegnung:

A „Auch ein Mosaik, Herr Kollege, setzt sich aus vielen kleinen Steinchen zusammen."

B „Die große Linie haben Sie auch, wenn Sie bei Helgoland ins Wasser springen, um nach Amerika zu kommen." (Der Tonfall ist hier entscheidend!)

C „Lieber klein kariert als gar kein Format."

8. Genauigkeitstaktik

Umgekehrt: Sind Sie großzügig und legen nur Wert auf die große Linie, so kommt blitzschnell die Frage, ob Sie auf Einzelheiten keinen Wert legen. „Der Teufel steckt bekanntlich im Detail, darum …"

Begegnung:

A „Ich habe die Details im Einzelnen geprüft, möchte hier jedoch nur die wichtigsten Punkte vortragen."

B „Darf ich begründen, warum ich nur die große Linie aufzeigen will?"

C „Die Einzelheiten haben für den Gesamtablauf keinerlei Aussagekraft", „Sachkenntnis trübt die Entscheidungsfreude!"

9. Zuordnungstaktik

Der Gegner ordnet Sie einer bestimmten Gruppe zu und verallgemeinert unfair: „Alle leitenden Angestellten haben doch nur das eine Ziel“, „Alle Unternehmer sind gleich“.

Begegnung:

A „Wie gut kennen Sie ...?“ – „Essen wirklich alle Deutschen Sauerkraut und sind ehrlich?“

B „Sind Pauschalurteile nicht gefährlich?“

C „Leiden Sie sehr unter diesen Vorurteilen?“

10. Fremdwort-Taktik

Ihr Gegenüber benutzt einen Begriff, der Ihnen nicht bekannt ist, um sein Fachwissen zu beweisen. Oder er überschüttet Sie mit einem Schwall von Fremdwörtern.

Begegnung:

A „Hier brauche ich Ihre Hilfe.“

B „Dieses Fremdwort kenne ich nicht.“

C „Glauben Sie, dass Sie mit Ihrem Wirbel an Fremdwörtern unseren Zuhörern imponieren können?“

11. Phrasen-Taktik

Sollten andere Methoden versagen, so versucht Ihr Gegenüber, Sie durch schöne Redensarten zu umgarnen. Er spricht von höheren Werten wie Vaterland, Mutterliebe, Großmut, Ehre und sozialer Gerechtigkeit. Diese Worte verfehlen bei den Zuhörern selten ihre Wirkung.

Begegnung:

A „Gute und bewährte Tugenden. Auf der Basis dieser Tugenden ...“

B „Habe ich behauptet, dass diese Werte für mich keine Bedeutung haben? Im Gegenteil ...“

C „Dürfen Sie überhaupt über diese hohen Werte sprechen?“

12. Theorie-Praxis-Taktik

Der Gesprächspartner gibt Ihnen recht und sagt, dass Ihre Aussage „in der Theorie sehr gut klingt, aber in der Praxis nicht durchführbar ist“.

Begegnung:

A „‚Nichts ist besser für die Praxis als eine gute Theorie', so Einstein."

B „Bisher war nur diese Theorie gut, jetzt kommt noch die Praxis hinzu …"

C „Als Laie würde ich es auch so sehen."

13. Hauptsache-Nebensache-Taktik

Diese Methode wird genutzt, um Nebensächlichkeiten hochzuspielen, damit die Hauptsache (das wahre Ziel) nicht erkannt wird.

Zum Beispiel:

Frage: Juristisches Problem: Wenn ein Nachtwächter tagsüber stirbt, bekommt er Rente?

Hier wird die „Nebensache" (juristisches Problem) zur „Hauptsache" gemacht und Sie erhalten in neun von zehn Fällen die Antwort „Ja". Doch was nützt einem toten Nachtwächter die Rente?!?

Begegnung:

A „Vielen Dank für Ihre Ausführungen, jedoch interessiert mich besonders …"

B „Das verstehe ich nicht, was hat das mit … zu tun?"

C „Sie haben doch keine Ahnung, worüber wir hier diskutieren."

14. Induktionstaktik

Ihr Gegenüber geht von einem zugkräftigen Einzelbeispiel aus und hält Ihnen dies als allgemeingültige Aussage entgegen.

Begegnung:

A „Wie würden Sie diesen Punkt auf unser Thema übertragen?"

B „Beispiele beweisen nichts, es gibt immer ein Gegenbeispiel; so habe ich es im Seminar gelernt."

C „Dieses Beispiel geht total an der Gesamtaussage vorbei."

15. Verunsicherungstaktik

Ihr Gegenüber schaut Sie besonders kritisch an und stellt schwierige Gegenfragen. Er bringt durch seine Körperhaltung (etwa verschränkte Arme, zurückgeneigter Oberkörper) seine Missbilligung Ihnen gegenüber zum Ausdruck.

Begegnung:

A „Was mache ich hier nur falsch?"

B „Was haben Sie nur gegen mich?" – mit trauriger Stimme erzielen Sie bestimmt Wirkung auf Dritte, die zuhören.

C „Wem wollen Sie damit eigentlich etwas beweisen?"

16. Schweige-Taktik

Ihr Gegenüber hört nur zu und lässt alle Äußerungen an sich abgleiten, oder er fällt plötzlich in das andere Extrem: Er fertigt Sie lautstark ab und schweigt dann urplötzlich wieder.

Begegnung:

A Bei Schweigen: „Was meinen Sie als Fachmann …?"

B Bei lautstarken Äußerungen: „Ich habe Verständnis für Ihre Emotionen."

C „Was haben Sie gesagt?", „Mäßigen Sie sich im Ton!", „Wer schreit, hat keine Argumente."

17. Verwirrungstaktik

Der Gesprächspartner benutzt Ihre Redewendungen in einem anderen Sinn, als Sie es gemeint haben. Er zieht andere, unbequeme Schlussfolgerungen und versucht damit, die Unbrauchbarkeit Ihrer Worte zu beweisen.

Begegnung:

A „Ich bin enttäuscht über Ihre Schlussfolgerung. Ich möchte …"

B „Ich habe mich undeutlich ausgedrückt. Meine Meinung ist …"

C „Wurden meine Äußerungen von allen so falsch verstanden?"

18. Diversionstaktik

Der Gesprächspartner wechselt unauffällig das Thema (Schopenhauer nannte dies „Diversion"). Er bringt etwas Neues, das das besondere Interesse der Zuhörer erregt.

Begegnung:

A „Ein interessanter Aspekt, jedoch möchte ich mit Ihnen vorab noch …"

B „Bitte helfen Sie mir, zu unserem Punkt zurückzukommen, da …"

C „Sie schieben dieses Thema doch nur vor, um von den eigentlichen Problemen abzulenken."

19. Entweder-oder-Taktik

In hitzigen Streitgesprächen und bei betont emotionalen Äußerungen benutzt Ihr Gegenüber nur extreme Standpunkte.

Begegnung:

A „Sind nicht Extremlösungen nur Notlösungen?"

B „Gibt es nicht einen goldenen, gangbaren Mittelweg?"

C „Sie mit Ihrer Schwarz-Weiß-Betrachtung!"

20. Aufschub-Taktik

Der Gesprächspartner will erst später zu einem Problem Stellung nehmen und gewinnt Zeit durch Rückfragen.

Begegnung:

A „Ich bitte um Ihre Meinung, da ich sicher bin, dass dieser Gedankengang im Sinne unserer Zuhörer besonders wichtig ist."

B „Da ich es vergessen werde, könnten Sie mir helfen …"

C „Müssen Sie dieser Frage unbedingt ausweichen?"

21. Kompetenz-Taktik

Bei jüngeren Gesprächspartnern werden sachlich richtige Argumente zurückgewiesen: „Ihre Lebens- und Berufserfahrung ist einfach zu gering …". Bei älteren Gesprächspartnern wird kategorisch festgestellt, dass „diese Meinung einfach nicht mehr zeitgemäß ist".

Begegnung:

A „Mozart schrieb mit acht Jahren seine erste Symphonie", „Adenauer war mit 90 Jahren noch Bundeskanzler!".

B „Gerade weil ich mir dessen bewusst bin, habe ich mich darauf besonders eingestellt und detailliert vorbereitet.

C „Erfahrung ist der Name, mit dem viele ihre Dummheit bezeichnen" (so Oscar Wilde).

22. Widerspruchstaktik

Statt konkret auf Ihre Aussagen einzugehen, verweist Ihr Gegenüber auf die Widersprüche früherer Aussagen, die unter Umständen schon Jahre zurückliegen. Daraus folgert der unfaire Dialektiker Charakterlosigkeit, Hemmungen, Wankelmut etc.

Begegnung:

A „Reißen Sie das bitte nicht aus dem Zusammenhang heraus."

B „Es war für mich viel schwerer, meine Meinung zu ändern, als diese beizubehalten."

C „Ich werde täglich gescheiter; vor acht Jahren war ich noch Ihrer Meinung."

Nochmals: Der Lösungsvorschlag C ist jeweils der unfairen Dialektik entnommen und deshalb abzulehnen.

Natürlich kann man bei einem unfairen Angriff auch einmal mit einer unfairen dialektischen Methode „zurückschießen". Doch sollte dies die große Ausnahme bleiben.

Typisch ist, dass die Beispiele C in einer Vielzahl von Dialektik-Übungen vonseiten der Teilnehmer vorgeschlagen wurden. Es ist eben leichter, unfaire Methoden zu entwickeln und einzusetzen als faire. Sie sollten jedoch immer versuchen, fair zu bleiben. Selbst wenn Sie mithilfe der unfairen Dialektik schneller einen kurzfristigen Sieg verbuchen können – es gibt dabei auch immer einen Verlierer.

> ! Wir wollen in jeder dialektischen Situation gewinnen, ohne jedoch zu siegen.

Und noch ein Satz zum Schluss: Wer nicht gut genug ist, mir zu nutzen, ist mindestens noch gut genug, mir zu schaden. – Allein dies sollte ein Grund sein, mehr mit den fairen Methoden der Dialektik zu arbeiten, als sich auf das gefährliche Glatteis der unfairen Dialektik zu begeben.

Besser zweimal fragen als zweimal irregehen.
Oft erfährt man, was man gefragt hat, erst aus der Antwort.
(Cocteau)

3. Die Fragetechnik – Königin der Dialektik

Reicht es aus, wenn Sie argumentieren können, rhetorisch begabt sind und Überzeugungskraft besitzen? Unter Umständen werden Sie trotz dieser Kompetenzen in Verhandlungen nicht den gewünschten Erfolg erzielen, wenn Sie die Technik des Fragen-Stellens nicht beherrschen. Also: Versuchen Sie, in Zukunft weniger festzustellen, zu behaupten und schon gar nicht zu belehren, sondern mehr zu fragen. Machen Sie es wie Ärzte, Richter oder Rechtsanwälte, die überwiegend mit der Fragetechnik arbeiten.

Schon Sokrates (um 470 bis 399 v. Chr.) war von der Bedeutung der Fragetechnik überzeugt. Wird doch noch heute eine der aufgezeigten Frageformen die „sokratische Frage“ genannt.

Die Vorteile der Fragetechnik liegen auf der Hand: Die Fragetechnik

- gibt dem Gesprächspartner das Gefühl, dass wir ihm interessiert zuhören;
- erleichtert es uns, die Gesprächsrichtung zu ändern;
- hilft uns, im Verkaufsgespräch Kaufmotive aufzubauen;
- befähigt uns, Gegenargumente schneller zu erkennen;
- ermöglicht ein diplomatisches Korrigieren der Argumente des Gesprächspartners;
- schafft die nötige Vertrauensbasis beim Partner;
- hilft, den Gesprächspartner besser einzuschätzen;
- baut Aggressionen ab;
- macht es einfacher, unfaire Angriffe zu parieren;
- gibt uns Zeit, die nächsten Gedanken zu formulieren.

Wir aktivieren den Gesprächspartner (ohne dass wir die Gesprächsführung aus der Hand geben). Wie sagte schon Pascal: „Man lässt sich gewöhnlich leichter durch Gründe überzeugen, die man selbst gefunden hat, als durch solche, die anderen zu Sinn gekommen sind.“

Mit einer gekonnten Fragetechnik motivieren wir den Gesprächspartner. Denn: Jeder möchte gerne der Mittelpunkt der Welt sein. So gesehen gibt es inzwischen schon 7,3 Milliarden Mittelpunkte.

Grundsätzlich unterscheiden wir zwischen

- geschlossener und
- offener Frage.

Bei der **geschlossenen Frage** kann der Gesprächspartner nur mit Ja oder Nein antworten. Sie beginnt mit einem Hilfsverb oder Verb.

Zum Beispiel: „Entspricht dieses Buch Ihren Erwartungen?"

Eigene Beispiele:

____

____

____

Die **offene Frage** dagegen beginnt immer mit einem Fragewort.

Zum Beispiel: „Aus welchen Gründen interessiert Sie dieses Buch?"

Eigene Beispiele:

____

____

____

Selbst die kürzeste Antwort wird – wenn der Gesprächspartner höflich ist – aus einem vollständigen Satz bestehen. Es ist deshalb sehr oft ratsam, offene Fragen zu stellen, weil der Gesprächspartner so meist detailliertere Auskünfte geben wird. Außerdem gewinnen Sie Zeit zum Überlegen.

Hier noch ein paar Tipps: Ersetzen Sie das Fragewort „Warum" durch die Formulierung „Aus welchen Gründen". Es beinhaltet keinen Vorwurf und „erschlägt" den Gesprächspartner nicht. Gleichzeitig geben Sie ihm die Gelegenheit, mehrere Möglichkeiten und Gründe zu nennen.

Formulieren Sie statt:

„Warum sind Sie gestern zu spät gekommen?"

besser:

„Aus welchen Gründen sind Sie …?"

Auch eine „Wie"- oder „Was"-Frage ist sachlicher als die „Warum"-Frage, die von uns nur allzu oft verwendet wird.

Zum Beispiel:

Statt: „Warum gehen Sie nicht ins Theater?"

Besser: „Was hält Sie davon ab, einmal ins Theater zu gehen?"
„Wie kommt es, dass Sie nicht ins Theater gehen?"

Eigene Beispiele:

____

____

____

Die 10 Fragearten

Sie werden feststellen, dass bei den nachfolgenden Fragearten auch die geschlossene Frage auftaucht. Die geschlossene Frage wird hier gezielt als Mittel eingesetzt, um eine konkret gewünschte Antwort zu erreichen.

1. Die Informationsfrage

Natürlich wollen Sie mit jeder offenen oder geschlossenen Frage eine Information im weitesten Sinn erhalten. Bei der Informationsfrage beabsichtigen Sie jedoch wirklich nur, Ihr Wissen über eine Person, Sache etc. zu vertiefen. Diese Frageart zeichnet sich durch kurze und knappe Formulierungen aus. Die Informationsfrage sollte nicht mehr als fünf bis acht Wörter umfassen. Und sie soll den Hintergrund ausleuchten.

Beispiele:

„Welche Tageszeitung lesen Sie?"

„Wie fühlen Sie sich?"

____

____

____

Stellen Sie nicht zu viele Informationsfragen hintereinander, sonst fühlt sich der Gesprächspartner verhört und in die Ecke gedrängt.

2. Die Alternativfrage

Geben Sie Ihrem Gesprächspartner (besonders bei Verkaufsgesprächen) nie die Wahl zwischen einer positiven und einer negativen Möglichkeit. Zeigen Sie ihm stets positive Möglichkeiten auf. Es geht nicht um „ob überhaupt“, sondern um wann, wo, wie viele etc.

Zum Beispiel:

Der Außendienstler fragt: „Darf ich Sie am Mittwoch um 15:30 Uhr oder am Donnerstagvormittag besuchen?“

(zwei positive Möglichkeiten: Mittwoch, 15:30 Uhr oder Donnerstagvormittag)

Eigene Beispiele:

Aus der Praxis:

In einem der besten Hotels in Baden-Baden fragte der Ober beim ersten gemeinsamen Mittagessen während eines Rhetorik-Seminars: „Wünschen Sie zum Nachtisch Eis oder Fruchtsalat?“ 11 von 13 Teilnehmern bestellten daraufhin Nachtisch.

Am nächsten Tag fragte ein anderer Ober: „Wünschen Sie Nachtisch?“ Daraufhin bestellten nur zwei Teilnehmer eine Nachspeise.

3. Die Suggestivfrage

Der Fragende will den Gesprächspartner manipulieren und in eine bestimmte Richtung drängen. An der wahren Meinung des Gesprächspartners ist er – bei dieser Frageform – wenig interessiert. Die Suggestivfrage ist dann einzusetzen, wenn Feststellungen unvermeidbar erscheinen.

Bestimmte Füllwörter, wie beispielsweise

- etwa,
- sicher,
- doch,
- auch nicht oder
- wohl

werden in die geschlossene Frageform eingebaut:

„Sie sind **doch** auch der Meinung, Herr Kollege, dass wir einen bedeutenden Fortschritt durch dieses Gespräch erzielt haben?“

„Sind Sie **etwa** der Meinung, dass … ?“

Eigene Beispiele:

____

____

____

4. Die Fangfrage

Die Fangfrage wird auch als „indirekte Frage“ bezeichnet, da Sie die Antwort nicht direkt erfragen können. Sie ziehen andere Rückschlüsse als derjenige, der Ihnen die Antwort gibt.

Zum Beispiel:

Sie sind Personalchef und haben bei der Abfassung einer Stellenanzeige die Angabe „Führerschein Klasse B Bedingung“ vergessen. Wenn Sie herausfinden wollen, ob der Bewerber einen Führerschein hat, so fragen Sie ihn beiläufig: „Haben Sie einen guten Parkplatz gefunden?“ Oder: „Welchen Wagen fahren Sie?“ Mit großer Wahrscheinlichkeit können Sie aus der Antwort folgern, ob der Bewerber eine Fahrerlaubnis besitzt.

Eigenes Beispiel:

____

____

____

5. Die rhetorische Frage

Die rhetorische Frage ist eine Frage, auf die man keine Antwort erwartet oder auf die keine Antwort nötig ist. Sie eignet sich besonders bei Vorträgen und Festreden. Sie setzt meist voraus, dass die Zuhörer die Fakten kennen bzw. gleicher Meinung sind. Diese Frageform trägt wesentlich zur Belebung eines Vortrags bei.

Beispiele:

- „Wer von Ihnen, meine Damen und Herren, hat noch nichts von unseren Produkten gehört?“
- „Wer kann heute diese Erkenntnisse ablehnen?“

Eigene Beispiele:

____

____

____

6. Die Gegenfrage

Die Gegenfrage bringt Hintergrundinformationen und oft eine Änderung des ursprünglichen Einwandes bzw. der ursprünglichen Frage. Der Gesprächspartner ist so gezwungen, seine Aussage zu präzisieren. Nur in den seltensten Fällen gelingt es ihm, die Frage exakt zu wiederholen. So können Sie sich zwischenzeitlich eine Antwort zurechtlegen. Diese Frageart wird ebenfalls eingesetzt, um Einwänden zu begegnen.

> **Die Gegenfrage – als Waffe im Interview?**
>
> Ein führender Landespolitiker gab nach einer für seine Partei verlorenen Landtagswahl im Fernsehen folgendes Interview:
>
> Reporter: Könnte dieses schlechte Ergebnis eine Führungsdiskussion auslösen?
>
> Politiker: Was für'n Ding?
>
> Reporter: Führungsdiskussion!
>
> Politiker: Was verstehen Sie darunter?
>
> Reporter: Einen Wechsel in der Führung.
>
> Politiker: Ist ein Führungsmitglied an Sie herangetreten?
>
> Reporter: Nein!
>
> Politiker: Oder sind Sie ein Mitglied meiner Partei?
>
> Reporter: Nein!
>
> Politiker: Na, sehen Sie!
>
> (Es handelt sich hier um ein Gedächtnisprotokoll.)

Die Gegenfrage ist eine besonders wichtige Frageform, sodass wir sie an dieser Stelle intensiv behandeln wollen.

Beispiel 1:

Frage eines potenziellen Kunden: „Warum sind Ihre Produkte so teuer?"

Beispiel 2:

Die harmlose Frage eines Kollegen: „Was haben Sie gestern Abend unternommen?"

Solche Fragen können Sie von Fall zu Fall leicht in Verwirrung bringen. Wenn Sie dann mit gesenktem Kopf und mit leiser Stimme versuchen zu antworten, so wird dies bestimmt nicht zum gewünschten Ergebnis beim Kunden führen oder Ihren Kollegen überzeugen.

Wie wäre es mit einer Gegenfrage, um sich Luft und Zeit zu verschaffen? Hier einige Methoden, die Sie (fast) immer einsetzen können. Die Nummerierung bezieht sich auf die obengenannten Beispiele 1 und 2:

- **Unschuldsmethode:** Fragen Sie Ihren Gesprächspartner allgemein:

  „Wie meinen Sie das?" (1) oder

  „Wie kommen Sie zu dieser Ansicht?"

  „Wie kommen Sie gerade jetzt auf diese Frage?" (2)

  Eigene Beispiele:

  ____

  ____

  ____

- **Informationsmethode**: Erfragen Sie präzise Informationen:

  „Womit vergleichen Sie diesen Preis?" (1) oder

  „Aus welchen Gründen interessiert Sie das?" (2)

  Eigene Beispiele:

  ____

  ____

  ____

- **Rückgabemethode:** Geben Sie die gleiche Frage in höflichem Wortlaut zurück:

  „Sind denn nicht auch Ihre Produkte in der gehobenen Preisklasse angesiedelt?" (1) oder

  „Was soll ich denn gestern Abend unternommen haben?" (2)

  Eigene Beispiele:

  ____

  ____

  ____

- **Definitionsmethode:** Lassen Sie den Gesprächspartner bestimmte Aussagen definieren und präzisieren. Wie leicht werden wir alle in Verwirrung gebracht!

  „Was verstehen Sie unter ‚zu teuer'?" (1) oder

  „Was heißt denn ‚gestern Abend'?" (2)

Eigene Beispiele:

___

___

___

- **Hörfehlermethode:** Fragen Sie Ihren Gesprächspartner höflich:

  „Wie bitte?" (1 und 2) oder

  „Können Sie Ihre Frage noch einmal erläutern?" (1 und 2)

  Eigene Beispiele:

  ___

  ___

  ___

  Diese Methode können Sie immer einsetzen.

- **Alternativmethode:** Bieten Sie Ihrem Gesprächspartner eine Alternative:

  „Meinen Sie das Sortiment A oder das Sortiment B?" (1) oder

  „Meinen Sie nach Büroschluss oder nach 21.00 Uhr?" (2)

  Eigene Beispiele:

  ___

  ___

  ___

- **Gag-Methode:** Wenn Sie sich nicht zu helfen wissen, fragen Sie Ihren Gesprächspartner mit einem leichten Augenzwinkern:

  „Können Sie mich nichts Leichteres fragen?" (nur für 2)

  Eigene Beispiele:

  ___

  ___

  ___

Bei Verkaufsgesprächen ist diese Methode jedoch kaum angebracht.

- **Rückstellmethode:** Höchstens ein- oder zweimal im Gespräch können Sie auch eine Frage zurückstellen. Danach müssen Sie unbedingt Stellung nehmen, da Sie sonst unglaubwürdig wirken.

„Darf ich darauf später eingehen ...?“ oder

„Können wir diese Frage noch einen Augenblick zurückstellen? Ich möchte vorab...“ (1 und 2)

Eigene Beispiele:

___

___

___

Sie werden erstaunt sein, wie oft der Gesprächspartner seine erste Frage – aufgrund Ihrer Gegenfrage – überdenkt und zu einer veränderten Aussage kommt. In vielen Verkaufsgesprächen korrigiert der Kunde seine erste Frage („Warum ist das Produkt so teuer?“) nach einer Gegenfrage („Womit vergleichen Sie den Preis?“). Er erläutert z.B. den Preis, den er vom Mitbewerber gehört hat, oder die Qualitätsvorteile des anderen Produkts.

Kein Zweifel, dass Sie jetzt bessere Ansatzmöglichkeiten für ein erfolgreiches Gespräch haben: Sie führen den Gesprächspartner in die gewünschte Gesprächsrichtung. Es gilt der abgewandelte Grundsatz: Wer (rück-)fragt, der führt ... und gewinnt!

7. Die motivierende Frage

Mit einer motivierenden Frage erzielen Sie eine besonders positive Stimmung.

Beispiele:

- „Was sagen Sie als Fachmann zu der von mir entwickelten Marketingkonzeption?“
- „Sie haben sich auch schon sehr lange und sehr erfolgreich mit dem Projekt befasst. Können Sie mir helfen?“

Eigene Beispiele:

___

___

___

8. Die Schock- oder Angriffsfrage

Mit einer Schock- oder Angriffsfrage schlagen Sie zwei Fliegen mit einer Klappe. Sie können Ihren Gesprächspartner nicht nur aus der Reserve locken, sondern ihn auch dazu bringen, sich zu unbeabsichtigten Äußerungen hinreißen zu lassen. Es bleibt jedoch eine sehr gefährliche Frageart, da die positive Stimmung – Grundvoraussetzung für jedes Gespräch und jede Verhandlung – stark darunter leidet.

Beispiele:

- „Wollen oder können Sie mir keine klare Antwort geben?"
- „Sind Sie von Ihrer Äußerung wirklich überzeugt?"

  Eigene Beispiele:

  ____

  ____

  ____

9. Die Kontroll- oder Bestätigungsfrage

Die Kontroll- oder Bestätigungsfrage ist meist eine geschlossene Frage, mit der Sie das Interesse des anderen überprüfen oder eine Bestätigung Ihrer Meinung suchen. Sie erfahren gleichzeitig, ob der Gesprächspartner Ihnen noch zuhört. Die Kontrollfrage ist sehr oft auch eine Suggestivfrage.

Beispiele:

- „Haben Sie hierzu noch Fragen?"
- „Stimmen Sie nicht auch meinen Überlegungen zu?"

  Eigene Beispiele:

  ____

  ____

  ____

10. Die sokratische Frage (Ja-Fragen-Straße)

Wollen Sie zu dem Ergebnis kommen, dass der Gesprächspartner mit Ja antwortet, so formulieren Sie vier bis fünf geschlossene Fragen, die der Gesprächspartner mit Sicherheit mit „Ja" beantworten wird. Dies muss natürlich durch den vorhergehenden Gesprächsverlauf sichergestellt sein. Auch müssen die Fragen logisch aneinandergereiht werden (Fragekette). In 80 bis 90 Prozent aller Fälle wird er bei der (entscheidenden) suggestiven Fragestellung, die er normalerweise mit „Nein" beantwortet hätte, auch mit „Ja" antworten.

Beispiel zum Verkauf von Sicherheitsschuhen:

„Wollen Sie einen höheren Umsatz erzielen?"	„Ja"
„Sind Sie interessiert, Kosten zu reduzieren?"	„Ja"
„Möchten Sie Ihre Mitarbeiter vor Unfallgefahren schützen?"	„Ja"
„Haben gerade Ihre Mitarbeiter schon öfter Fußverletzungen gehabt?"	„Ja"
„Dann kommen doch für Ihre Mitarbeiter nur die Sicherheitsschuhe ‚Zeitz' infrage."	„Ja"

Eigenes Beispiel:

____

____

____

Wir haben die entscheidenden Fragearten behandelt, die Sie künftig einsetzen können. Beachten Sie jedoch, dass Sie nicht in das andere Extrem verfallen und in Zukunft alles erfragen. Selbstverständlich darf der Verhandlungs- und Diskussionspartner nicht den Eindruck bekommen, dass Sie selbst nicht bereit sind, Rede und Antwort zu stehen.

Trotzdem liegt mehr als nur ein Körnchen Wahrheit in dem chinesischen Sprichwort: „Wer fragt, ist für fünf Minuten dumm; wer nicht fragt, bleibt ein Leben lang dumm."

Der gezielte Einsatz der Fragetechnik, verbunden mit einem gewissen Maß an rhetorischer Grundkenntnis, hilft Ihnen, in jeder Verhandlungsrunde und Gesprächssituation einen Vorsprung zu gewinnen, der vom Gesprächspartner meist nicht mehr eingeholt werden kann.

Hier eine Grafik, die die verschiedenen Fragearten noch einmal zusammenfasst:

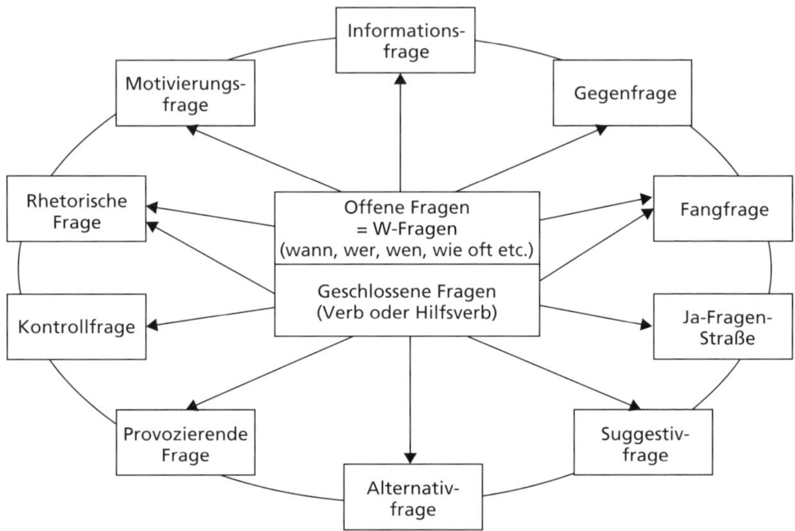

4. Wie begegne ich Einwänden?

Ist es Ihnen auch schon passiert, dass Sie Einwänden in Sitzungen, bei Diskussionen oder Debatten „sprachlos" gegenüberstanden? Wenn Sie dann aggressiv oder auch nur unvollständig antworten, werden Sie es unnötig schwer haben, die verloren gegangene Position zurückzugewinnen.

Mit den nachfolgenden Methoden der Einwandargumentation können Sie sich nach gründlicher Vorbereitung getrost auf jede Diskussion und Debatte einlassen. Auch im Verkaufsgespräch werden Sie leichter bestehen können. Es gilt bei der Behandlung von Einwänden noch immer der Grundsatz: Recht haben und recht behalten sind zwei ganz unterschiedliche Dinge!

Grundregeln der Einwandargumentation

Folgende Punkte sind bei der Behandlung von Einwänden zu beachten:

1. Bleiben Sie ruhig und sachlich. Drücken Sie nicht schon durch Ihre Mimik, Gestik oder Haltung Ihren Unwillen über den

Einwand aus. Sorgen Sie für eine positive Grundeinstellung. Zeigen Sie Aufnahmebereitschaft.

2. Lassen Sie den anderen unbedingt ausreden und hören Sie ihm interessiert zu (aktives Zuhören).
3. Stellen Sie öfter eine Gegenfrage, um Zeit zu gewinnen oder weitere Informationen zu erhalten. Legen Sie unbedingt eine (Denk-)Pause ein, bevor Sie antworten.
4. Versuchen Sie, sich gleichzeitig mit den Wünschen (Einwänden) des Diskussionspartners zu identifizieren. Erst müssen Sie verstehen, was er erreichen will, bevor Sie den Einwand beantworten bzw. (noch besser) entkräften können.
5. Antworten Sie knapp und präzise. Versuchen Sie immer, ruhig und sachlich zu sprechen und Ihre Emotionen unter Kontrolle zu halten.
6. Schließen Sie eine Frage an, um das Gespräch oder die Diskussion wieder von Ihrer Seite zu steuern. Sie müssen sonst mit einem erneuten Einwand rechnen…

Nochmals in Form eines Schaubildes:

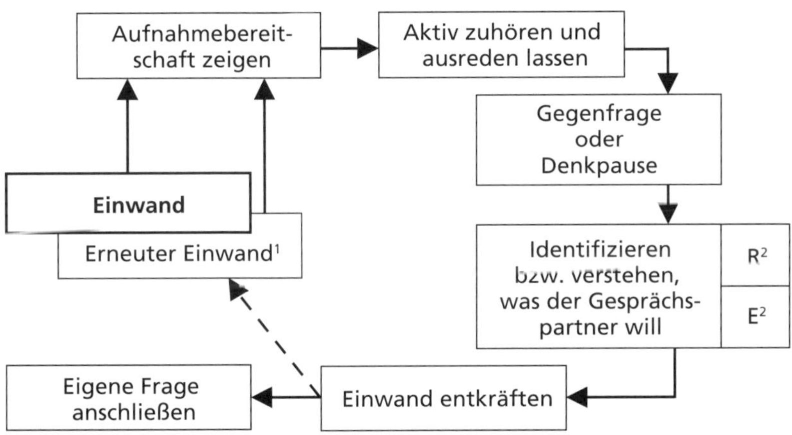

Erläuterungen zum Schema:

[1] Es wird sich öfter ein neuer Einwand anschließen, wenn Sie nicht durch die Fragetechnik das Gespräch selbst wieder in die Hand nehmen.

[2] Handelt es sich um einen rationalen (R) oder emotionalen (E) Einwand? Entsprechend muss auch unsere Antwort rational oder emotional ausfallen.

Bei komplizierten Einwänden schlagen Sie vor, einen Spezialisten zurate zu ziehen, der sich mit diesem Problem intensiv auseinandergesetzt hat. Dies wird umso glaubhafter, je höher Ihre Position ist.

Welche Methoden gibt es, um Einwände zu parieren?

1. Die Rückfrage-Methode

Die Rückfrage-Methode ist die beliebteste Methode, um Zeit zu gewinnen. Der Einwand wird als Frage zurückgegeben, um weitere Informationen – zur Beantwortung des Einwandes – zu erhalten.

Sie werden feststellen, dass der Einwand sehr oft in anderer oder in abgeschwächter Form wiederholt wird.

Beispiele:

- „Aus welchen Gründen können Sie meine bisherigen Ausführungen nicht akzeptieren?"
- „Wie meinen Sie das?"
- „Womit vergleichen Sie den Preis?"

  Eigene Beispiele:

  ____

  ____

  ____

2. Die Ja-aber-Methode

Die Ja-aber-Methode ist die Standardmethode, um Einwänden zu begegnen. Gerade deshalb sollten Sie diese Methode in anderer Form einsetzen. Gebrauchen Sie statt des Wortes „Ja" eine andere Formulierung und bestätigen Sie im ersten Teil des Satzes die Aussage Ihres Gegenübers. Ersetzen Sie dann das Wort „aber" durch „allerdings", „jedoch", obwohl" oder „nur".

Beispiele:

- „Ich gebe dies gern zu, nur …"
- „Gewiss, allerdings …"
- „Dieses Argument ist sehr gut, haben Sie jedoch Folgendes bedacht …?"

Eigene Beispiele:

---

3. Nachteil-Vorteil-Methode (Plus-Minus-Methode)

Eine Variante der Ja-aber-Methode ist die Nachteil-Vorteil- oder Plus-Minus-Methode. Geben Sie bei objektiv richtigen Einwänden auch einmal den Nachteil zu. Stellen Sie jedoch die Vorteile und die für Sie positiven Eigenschaften besonders heraus.

Beispiele:

- „Dieses Problem haben wir einkalkuliert, bitte beachten Sie jedoch …"
- „Die Werbung ist tatsächlich sehr kostspielig, allerdings haben wir dadurch einen sehr viel höheren Gewinn erzielt."

Eigene Beispiele:

---

4. Vorwegnahme-Methode

Eine interessante Methode, um Einwänden zuvorzukommen, ist die Vorwegnahme-Methode. Schon die alten Griechen verwandten diese Methode – „Prolepsis" genannt. Formulieren Sie den Einwand schon im Rahmen Ihres Gespräches und behalten Sie so die Initiative.

Beispiele:

- „Sie könnten nun meinen, dass …"
- „Sie scheinen an diesen Fakten zu zweifeln, jedoch …"
- „Um Ihrer berechtigten Frage zuvorzukommen …"

Eigene Beispiele:

---

5. Eisbrecher-Methode

Wenn Sie das „eiserne Schweigen" Ihres Gegenübers brechen wollen – um etwaige Einwände zu erfahren –, bleibt nur die Provokation. Diese Methode sollten Sie jedoch nur in Ausnahmefällen – wenn Sie in einer starken Position sind – anwenden. Sie weist insgesamt mehr Nachteile als Vorteile auf.

Beispiele:

- „Haben Sie eben etwas zu meiner Darstellung gesagt?"
- „Können Sie mal von was anderem schweigen?"

  Eigene Beispiele:

  ____

  ____

  ____

6. Rhetorische Frage

Sie wiederholen den Einwand in Frageform. Geschickt ist es, den Einwand für Ihre Zwecke umzuformulieren und den Gesprächspartner gleichzeitig zu motivieren. Wird auch bei Vorträgen sehr gern eingesetzt. Die Antwort geben Sie danach selbst.

Beispiele:

Wenn der Einwand „Zu teuer" kommt:

- „Damit stellen Sie eine interessante Frage, die Frage nach dem Preis-Leistungs-Verhältnis …"
- „Wenn ich Sie richtig verstanden habe, dann …"

  Eigene Beispiele:

  ____

  ____

  ____

7. Divisions- oder Multiplikations-Methode

Die Divisions- oder Multiplikations-Methode eignet sich besonders bei Verkaufsgesprächen. Der hohe Preis wird zum Beispiel durch die Laufzeit oder Menge dividiert bzw. multipliziert.

Beispiel:

Der Direktor eines Wasserwerks argumentierte vor einiger Zeit in einem Seminar:

- „Meine Damen und Herren, der Liter Wasser kostet Sie doch nur …“ (Vorher wurde der Kubikmeter Wasser von einem Seminarteilnehmer als zu teuer bezeichnet.) Oder:
- „Dieser Vorteil kostet Sie nur 5 Euro täglich mehr als …“

  Eigene Beispiele:

  ____

  ____

  ____

8. Umkehrungs-Methode

Geben Sie den Einwand an den Diskussionspartner zurück. Zweifeln Sie seine Ausführungen an.

Beispiele:

- „Sind Sie wirklich sicher, dass …“
- „Das wäre richtig, wenn Sie …“
- „Gerade weil wir etwas teurer sind, haben wir eine ganz andere Spanne.“

  Eigene Beispiele:

  ____

  ____

  ____

9. Öffnungs-Methode

Die Öffnungs-Methode hilft Ihnen, Einwände rechtzeitig zu erfahren und zu erkennen. Sie können so stufenweise versuchen, Übereinstimmung in Diskussionen und Debatten zu erzielen.

Beispiele:

- „Kann ich Ihr Schweigen als Zustimmung betrachten?“
- „Gibt es außerdem noch einen Grund, warum Sie meinen Ausführungen nicht zustimmen können?“

  Eigene Beispiele:

  ____

  ____

  ____

10. Rückstell-Methode

Sie beantworten den Einwand nicht sofort, sondern später. Wollen Sie besondere „Wirkung" erzielen, so notieren Sie sich den Einwand. Selbstverständlich können Sie diese Methode nur einige wenige Male einsetzen.

Beispiele:

- „Erlauben Sie, dass ich später darauf eingehe?"
- „Darf ich Ihre Frage aufschreiben? Ich möchte vorab noch Folgendes …"

Eigene Beispiele:

____

____

____

11. Ablenk-Methode

Wenn Sie zu dem Einwand nicht Stellung nehmen wollen (oder auch nicht können), so bringen Sie einen neuen Gesichtspunkt in die Diskussion.

Beispiele:

- „Auf der anderen Seite sollten wir uns unbedingt mit folgenden wichtigen Gesichtspunkten befassen …"
- „Zusätzlich können Sie von folgender Überlegung ausgehen …"

Eigene Beispiele:

____

____

____

12. Offenbarungs-Methode

Die letzte Möglichkeit, um einen besonders hartnäckigen Gesprächspartner, der sämtliche Diskussionsbeiträge von Ihnen ablehnt, zu einem vernünftigen Gespräch zu bringen, ist die Offenbarungs-Methode. Sie beginnt mit den Worten „Unter welchen Umständen (Bedingungen) …" oder „Was muss ich tun, damit …?"

Beispiele:

- „Unter welchen Umständen sind Sie bereit, folgende These zu unterstützen?"
- „Unter welchen Bedingungen sind Sie bereit, mit uns weiter zu diskutieren?"
- „Was muss ich tun, um Sie doch überzeugen zu können?"

  Eigene Beispiele:

  ____

  ____

  ____

Streichen Sie das Wort „Einwand" aus Ihrem aktiven Wortschatz und ersetzen Sie es durch „Frage" oder „Hinweis". Mit der Wiederholung des Wortes „Einwand" deuten Sie an, dass Sie sich getroffen fühlen und zwischen der Meinung Ihres Gegenübers und Ihrer Meinung ein großer Abstand vorhanden ist.

Gehen Sie diplomatisch vor, und lassen Sie sich nicht auf Streitgespräche ein. Machen Sie es sich zum obersten Grundsatz, sich immer um eine positive Atmosphäre zu bemühen.

Einwände zeigen – positiv gesehen – nur das Interesse des Gesprächspartners am Thema. Schließlich ist der Gesprächspartner noch bereit zu diskutieren und zu verhandeln. Sehen Sie den Einwand immer als ein gutes Zeichen. Die Basis – das Miteinander-Sprechen-Wollen – ist vorhanden, es ist nur noch keine Übereinstimmung erzielt.

Wenn es Ihnen gelingt, Gemeinsamkeiten zu finden und den Menschen in Ihrem Gegenüber anzusprechen, so wird er für Sie zum Gesprächspartner werden.

5. 50 Stufen für eine erfolgreiche Tagung, eine erfolgreiche Schulung oder einen erfolgreichen Vortrag

Die Vorbereitung und die Gestaltung des Ablaufs von Tagungen, Schulungen wie auch Vorträgen hängen im großen Maße von einer Vielzahl von Einzelmaßnahmen ab. Im Folgenden finden Sie eine Checkliste, die Sie sofort einsetzen können. Streichen Sie die Punkte, die für Ihren Zweck von vornherein ausscheiden. Haken Sie dann jeweils die restlichen Punkte ab, wenn sie erledigt sind.

Checkliste

		erledigt bzw. nicht notwendig	**noch zu erledigen bis**
1.	Zielsetzung festlegen		
2.	Genaues Thema bestimmen		
3.	Entsprechende Dozenten gewinnen		
4.	Honorar(e) des (r) Dozenten vereinbaren		
5.	Audiovisuelle Hilfsmittel von Dozenten nennen lassen		
6.	Tagesordnung festlegen		
7.	Zeitplan aufstellen (Anfang und Ende)		
8.	Zeitpunkt festlegen (entsprechend den örtlichen Verhältnissen)		
9.	Teilnehmerkreis bestimmen		
10.	Zahl der Zuhörer/Teilnehmer festlegen		
11.	Zusätzliche Ehrengäste oder Presse einladen		
12.	Vortragsraum reservieren		
13.	Übernachtungsfrage – Zuhörer/Dozent(en) – klären		
14.	Teilnehmer schriftlich einladen		

		erledigt bzw. nicht notwendig	noch zu erledigen bis
15.	Dozent(en) schriftlich bestätigen (Thematik, Zielsetzung, Honorar, Übernachtung etc.)		
16.	Bestätigung des(r) Dozenten eingegangen		
17.	Zusagen der Teilnehmer auflisten		
18.	Kurzinformation über den (die) Dozenten erstellen (Qualifikation aufzeigen etc.)		
19.	Teilnehmer schriftlich informieren, dass Teilnahme möglich; Angaben über Hotel, Zielsetzung, An-/Abfahrt: Parkplätze, Stadtplan		
20.	Teilnehmer informieren über Freizeitangebote (Schwimmbad im Haus, Abendveranstaltungen etc.)		
21.	Zimmerreservierungen vornehmen		
22.	Veranstaltungsunterlagen von dem (den) Dozenten anfordern		
23.	Titelblatt entwerfen: Veranstalter, Zeitpunkt, Thematik, Ort erwähnen		
24.	Teilnehmerliste erstellen: Name, Vorname, Position im Unternehmen, Name des Unternehmens		
25.	Gesamtprogramm erstellen		
26.	Unterlagen vervielfältigen lassen		

		erledigt bzw. nicht notwendig	noch zu erledigen bis
27.	Loseblatt-Unterlagen, die der (die) Dozent(en) zusätzlich will (wollen), vervielfältigen und in getrennten Ordnern bereitlegen		
28.	Arbeitsunterlagen verschicken (sofern diese nicht zu Beginn der Veranstaltung verteilt werden)		
29.	Tischordnung im Tagungsraum überprüfen		
30.	Sitzordnung der Teilnehmer festlegen (oder freie Wahl)		
31.	Technische Hilfsgeräte im Tagungsraum überprüfen		
32.	Pausenzeiten an das Veranstaltungshotel bzw. den Organisator schicken (zwecks Servieren von Kaffee, Imbiss etc.)		
33.	Mahlzeiten, Pausengetränke – zu wessen Lasten?		
34.	Dozenten mitteilen, wo Sie zu erreichen sind		
35.	Dozenten auf bestimmte Teilnehmer aufmerksam machen (besonders aktive Teilnehmer, Störenfriede)		
36.	Reihenfolge bei der Begrüßung beachten		
37.	Kaffeepausen bekannt geben		
38.	Ort für Mittagessen nennen		

		erledigt bzw. nicht notwendig	noch zu erledigen bis
39.	Vorgesehenes Rahmenprogramm vorstellen		
40.	Zweck und Ziel der Veranstaltung nennen		
41.	Etwaige Änderungen gegenüber dem angekündigten Programm mitteilen		
42.	Einen „Tagungspräsidenten" ernennen, der sich – falls nicht anders geregelt – um den organisatorischen Ablauf kümmert		
43.	Protokollführer festlegen		
44.	Dozenten begrüßen und danken für ihr Erscheinen		
45.	Dozenten für Vortrag danken. Teilnehmern ebenfalls für ihr Erscheinen/ihre aktive Teilnahme danken		
46.	Weitere Veranstaltungen, Fortsetzungsseminare etc. nennen		
47.	Bewertungsbogen ausgeben		
48.	Protokoll über die Veranstaltung an die Teilnehmer senden		
49.	Abrechnung mit dem Hotel und dem (den) Dozenten vornehmen		
50.	Dankschreiben an den (die) Dozenten		

Bestimmt finden Sie weitere Punkte, die Sie in Ihrer individuellen Checkliste nachtragen. Auch werden Sie feststellen, dass nicht sämtliche 50 Punkte für jede Tagung und Veranstaltung notwendig sind. Doch wenn Sie nur zwei oder drei entscheidende organisatorische Punkte außer Acht gelassen haben, so wird der Erfolg Ihrer Veranstaltung entschieden gefährdet. Viel Erfolg mit dieser Checkliste!

Zehn Todsünden für eine Rede
Absolut sichere Methoden, einen Misserfolg zu erzielen

Wer die folgenden 10 Punkte beachtet, der braucht sich um das Scheitern seiner Rede nicht zu sorgen, und sei der Inhalt noch so brillant und tiefgründig.

1. Über- und untertreiben: „Ich freue mich, dass Sie so zahlreich zu meinem Vortrag erschienen sind." (Der Raum ist jedoch nur spärlich besetzt.) – „Vielen Dank, dass Sie meinem Vortrag so angeregt zugehört haben." (Jeder Zweite im Raum konnte ein Gähnen nicht unterdrücken. Einige nickten begeistert ... ein.) – „Mit meinen bescheidenen Mitteln werde ich versuchen ..." (Sehr gefährlich, wenn ein Fachmann zu tief stapelt. Das weckt Aggressionen.).
2. Sprechen Sie in langen Sätzen: Je kürzer jedoch die Sätze, umso geringer ist die Gefahr, dass Sie sich versprechen. Außerdem werden Sie durch den kurzen Satz gezwungen, langsamer zu sprechen. Die Stimme wird am Ende eines Satzes automatisch tiefer.
3. Entschuldigen Sie sich: „Ich habe mein Konzept vergessen, deshalb können Sie mich nicht aus dem Konzept bringen" oder „Entschuldigen Sie vielmals, dass ich mich nicht besser vorbereiten konnte". Wenn Sie nach einer Entschuldigung hervorragend sprechen, so wirkt dies negativ auf Ihre Zuhörer. Umgekehrt: Haben Sie Schwierigkeiten mit Ihrem Vortrag, so bestätigen Sie nur das, was jeder Zuhörer nach Ihren Anfangsworten befürchtet.
4. Benutzen Sie möglichst viele Fremdwörter: Es klingt hervorragend, wenn Sie Ihre Rede mit zahlreichen und recht ausgefallenen Fremdwörtern „garnieren". Zurzeit stark im Schwang – bei Politikern –: „die normative Kraft des Faktischen".
5. Setzen Sie Füllwörter ein: Das sehr beliebte Füllwort ist „echt". Ist das nicht „echt gut?" Eine weitere Sitte ist der zu häufige Gebrauch des Konjunktivs: „Ich würde sagen, dass ..." (In Rhetorik-Seminaren murmeln die Teilnehmer

nach kurzer Zeit, wenn der Satz „Ich würde sagen …" kommt: Nun sagen Sie es doch endlich!).

6. Führen Sie während Ihres Vortrags Privatdiskussionen: Bei Zwischenrufen und Zwischenfragen lassen Sie sich ruhig auf „Privatkrieg" ein. Konzentrieren Sie sich nur nicht auf die gesamte Zuhörerschaft.
7. Verstecken Sie sich hinter Ihrem Rednerpult: So können Sie auf keinen Fall von Ihren Zuhörern „erkannt" werden. Außerdem sehen Sie nicht so genau, was im Raum vorgeht.
8. Gestikulieren Sie mit Händen und Füßen: Nutzen Sie zusätzlich Ihr DIN-A4-Redemanuskript (rechte Hand), um Ihre Ausführungen zu unterstreichen. So können Ihre Zuhörer unter Umständen Ihre Nervosität am Zittern des Stichwortzettels ablesen.
9. Sprechen Sie ausführlich und halten Sie sich nicht an vorgegebene Zeiten. (Viel Wahrheit liegt in dem Satz: Sie können über alles sprechen, nur nicht über 20 Minuten.)
10. Machen Sie doppeldeutige Aussagen: „Ich vermisse viele, die nicht hier sind", und verwenden Sie Tautologien „weißer Schimmel", „als letztes Schlusslicht", das kann bestimmt zu einem (unvorhergesehenen) Heiterkeitserfolg führen. Es ist nur fraglich, ob Sie danach den Faden wiederfinden.

Aus: FAZ-Blick durch die Wirtschaft

Hinhören können wir alle, zuhören können nur wenige.

V. Aktiv zuhören ist die andere Hälfte des Lebens!

Wer von uns ist überhaupt noch daran interessiert, dem Gesprächspartner zuzuhören? Wartet nicht jeder darauf, möglichst schnell seine eigene Meinung und seine eigenen Erkenntnisse abzugeben: „Ich habe folgende Erfahrung gemacht …"?

Hinzu kommt noch, dass wir den Gesprächspartner gern unterbrechen („Vergessen Sie mal Ihre Rede nicht …"), damit er seinen Gedankengang ja nicht zu Ende bringen kann. Jeder von uns weiß natürlich, wie unhöflich unsere Mitmenschen sind, doch wir selbst …

Wenn Sie jedoch in der Lage – und auch bereit – sind, Ihrem Gesprächspartner zu folgen, so wird er es Ihnen danken. Überprüfen Sie einmal Ihren Bekanntenkreis (beruflich und privat): Sind Ihnen nicht auch die Gesprächspartner lieber, die Ihnen einmal zuhören können? Nicht umsonst waren die Ärzte und die Pastoren so beliebt: Sie hatten Zeit, um sich den Sorgen und persönlichen Problemen der Patienten und der Gläubigen zu widmen. Heutzutage können Sie sich – zumindest in Kalifornien schon – „Zuhörer" mieten. Gegen eine Gebühr von zehn Dollar sind kalifornischen Psychologiestudenten bereit, „Schwerstarbeit" zu verrichten: Sie hören ihren Mitmenschen zu.

Wenn wir unterbrechen, so ist es oft kein böser Wille, sondern es fehlt uns einfach das Gefühl für unser Gegenüber. So ist es zu Beginn einer Veranstaltung – z. B. bei einem Rhetorikseminar mit nur 12 Teilnehmern – unmöglich, eine gezielte Frage an einen Teilnehmer zu stellen. Auch wenn der Name des Teilnehmers, an den die Frage gerichtet ist, deutlich genannt wird, fühlen sich meist mindestens zwei bis drei weitere „Seminaristen" bemüßigt, ebenfalls eine Antwort – möglichst noch vor dem Angesprochenen – zu geben.

Die Pause von unserer Seite nach einer Frage ist also ein scharfes Instrument, denn viele können die Stille nicht ertragen. Man fühlt sich verpflichtet, schnell zu sprechen – oder gar zu unterbrechen –, um keine „Leere" aufkommen zu lassen. Haben Sie also „Mut zur Pause"!

Der Spruch „Gott gebe mir die Fähigkeit, einmal den Mund zu halten" und „Vom Schweigen schmerzt die Zunge nicht" hat schon so manchen gestandenen Seminarteilnehmer auf den Boden der Wirklichkeit zurückgeholt. Es ist erstaunlich – einmal darauf aufmerksam gemacht –, wie leicht wir doch das aktive Zuhören wieder lernen. Nur werden viele – auch dank ihrer Position – nicht darauf hingewiesen.

Noch eine Schwäche sei genannt: Der Mensch tendiert dazu, nur das zu hören, was er hören will. Bei unangenehmen Fragen und

Problemstellungen bringen wir allein schon durch unsere Stimme und Körpersprache zum Ausdruck, dass wir kein Interesse haben. Wir „filtern“ sämtliche Aussagen durch unsere subjektiven Vorstellungen. Wer den anderen ausreden lässt, hat mehr Möglichkeiten, über das Gesagte nachzudenken. Es ist die beste Möglichkeit, um eine gemeinsame Gesprächsbasis herzustellen.

Die Vorteile des aktiven Zuhörens

Zum aktiven Zuhören zählt auch der „Verstärker“: Sie wiederholen den letzten Teil des Satzes Ihres Gegenübers. Beispiel: A sagt: „Ich habe mich gestern über Herrn Meyer geärgert.“ B antwortet: „Ach, Sie haben sich gestern über ihn geärgert?“ Sie werden erstaunt sein, wie sich Ihr Gesprächspartner öffnet und Ihnen erzählt, was Herr Meyer am gestrigen Tag wieder alles falsch gemacht hat.

1. Sie wirken auf Ihren Gesprächspartner sympathisch.
2. Sie zeigen Verständnis für Ihren Gesprächspartner.
3. Sie sind höflich.
4. Sie vermeiden Konflikte.
5. Sie gewinnen Zeit.
6. Sie können den Gesprächspartner noch besser einschätzen lernen.

Auch bei Reden und Vorträgen sollten wir eine effiziente Zuhörtechnik beherrschen. Die nachfolgenden neun Punkte für „effizientes Zuhören“ sind für Vorträge gedacht, die nach Ihrer Meinung einen Gewinn für Ihre Zukunft darstellen.

Vorab zu beachten:

1. Überlegen Sie, was Sie von dem Vortrag erwarten.
2. Bereiten Sie sich auf die Thematik vor. Stellen Sie selbst Thesen auf und setzen Sie sich kritisch damit auseinander.

Während des Vortrags:

3. Was will der Redner?

   Finden Sie heraus, was für eine Zielsetzung der Vortragende hat. So ist es leichter für Sie, die Argumente und Gegenargumente zu werten und für Ihre eigenen Zwecke zu nutzen.

4. Lasse ich mich ablenken?

   Wenn Sie sich durch Nebensächlichkeiten ablenken lassen, rufen Sie sich ins Gedächtnis, inwieweit Sie die Zeit nicht nutzbringender verwenden können!

5. Schreibe ich mit?

   Die Gedächtnishaftung ist entschieden höher und Sie können die schriftlichen Aufzeichnungen noch nach Jahren „abrufen".

6. Schreibe ich übersichtlich?

   Hier gelten die gleichen Regeln wie für den Stichwortzettel, nur das Format ist nicht unbedingt DIN A6, sondern es kann auch DIN A4 sein:

   - möglichst stärkeres Papier
   - nur Hauptstichworte notieren
   - lediglich Ergebnisse und Hauptaussagen in ganzen – gekürzten – Sätzen
   - eigene Abkürzungssymbole benutzen
   - Daten und Zahlenmaterial genau notieren, die für die Thematik besonders wichtig sind (Quellen notieren, sofern diese genannt werden)
   - möglichst groß schreiben
   - Seiten durchnummerieren

7. Beteilige ich mich an der nachfolgenden Diskussion?

   Wenn Sie sich aktiv in eine etwaige Diskussion am Ende des Vortrags einschalten, so werden Sie auch mehr von dem Vortrag behalten können. Melden Sie sich jedoch nicht als Erster zu Wort. Der Erste, der zu Wort kommt, bietet sehr oft Angriffsfläche für die anderen Zuhörer.

Nach dem Vortrag:

8. Überarbeite ich meine Stichworte kurz nach dem Vortrag?

   Der prozentuale Erinnerungswert nimmt besonders stark innerhalb der nächsten Stunden nach der Rede ab. Nutzen Sie also gerade diese Zeit zur Auswertung.

9. Übertrage ich meine Notizen sachgemäß für zukünftige Zwecke?

Zu beachten ist:

- Klare Gliederung vornehmen
- Nebensächlichkeiten streichen
- Quellen überprüfen bzw. korrigieren
- zusätzliche Quellen finden
- eigene Kommentare hinzufügen
- Ablage/Aufbewahrung an geeigneter Stelle

Nachfolgend zwei Übungen, die Ihnen zeigen, ob Sie ein guter, aktiver Zuhörer sind bzw. wie Sie durch eine positive Sprache Ihr Gegenüber für sich gewinnen können.

 **Zuhör-Übung**

3 Mitspieler: A und B sowie der Beobachter C. Wählen Sie ein kontroverses Thema, zum Beispiel:

- Pro und kontra Haustier
- Pro und kontra Urlaub
- Geld macht glücklich – ja oder nein?
- Steuererhöhung – ja oder nein?
- Groß- oder Kleinstadt – wo lässt es sich besser leben?

A gibt seine Meinung an B. B antwortet nicht, sondern wiederholt die Worte von A („Wenn ich Sie richtig verstanden habe, dann sagten Sie …" Wiederholt B die Worte nicht im gleichen Sinn, so sagt A „falsch", und B muss noch einmal versuchen, das von A Gesagte inhaltlich richtig zu wiederholen. Gelingt dies nicht, so muss A seine Worte nochmals wiederholen.

Zu beachten ist, dass nicht genau wörtlich, aber doch sinngemäß alles gesagt werden muss.

Ein Beobachter – C – kann ebenfalls eingreifen, wenn er der Meinung ist, dass die Antwort nicht vollständig ist.

Zeitdauer: 5 bis 7 Minuten

Dann Wechsel der Personen: A äußert gegenüber C seine Meinung zu einem kontroversen Thema. B ist jetzt Beobachter.

Welche Ergebnisse haben Sie erzielt?

1.

2.

3.

Mögliche Ergebnisse aus der Zuhör-Übung

Bisher:	In Zukunft:
Zu lange Sätze	Kurze Sätze
Zu viele Aussagen	Weniger Aussagen, maximal 4 bis 5 Informationen.
Vieles wird zerredet	Immer kurz fassen
Nur Angenehmes wird verstanden Wunschvorstellungen werden vom Zuhörer wiederholt	Mehr Skepsis gegenüber den eigenen Aussagen und denen anderer
Konzentrationsschwäche	Besser konzentrieren lernen
Gesprächspartner wurde unterbrochen	Aktiv zuhören lernen
Keine Notizen	Notizen machen
Nur passiv zuhören	Zwischendurch Fragen stellen
Nur sprechen	Visuell unterstreichen

 **Gesprächsübung**

Ändern Sie die nachfolgenden Redewendungen: Machen Sie aus der negativen eine positive Formulierung. Sie werden feststellen: Fast immer können Sie aus einem Minus ein Plus machen.

Ziel:

- Durch positive Formulierungen schaffen Sie eine angenehme Gesprächsatmosphäre. Das ist die beste Voraussetzung für den Einsatz dialektischer Mittel.
- Mit dieser Übung verbessern Sie Ihre rhetorischen Fähigkeiten.

1. „Das glaube ich Ihnen nicht."
2. „Das ist bestimmt nicht richtig."
3. „Da haben Sie mich völlig falsch verstanden."
4. „Ist das etwa Ihr Ernst?"
5. „Das trifft auf keinen Fall zu."
6. „Das gibt's gar nicht."
7. „Ich kann Ihnen beweisen, dass …"

8. „Sie müssen eben die lange Lieferfrist einkalkulieren."
9. „Sie müssen schon entschuldigen. "
10. „Wir schaffen Ihnen ..."
11. „Sie müssen einsehen, dass ..."
12. „Haben Sie denn einen besseren Vorschlag zu machen?"
13. „So, wie Sie sich das denken, geht es wirklich nicht!"
14. „Ich versuche gerade, Ihnen zu erläutern ..."

Mögliche Lösungen

1. „Das höre ich zum ersten Mal."
2. „Meines Erachtens ist es ..."
3. „Ich habe mich missverständlich ausgedrückt ..."
4. „Das ist für mich neu."
5. „Ich bin irritiert. Mein Wissensstand ist ..."
6. „Das kann ich mir nicht vorstellen. Nach meinen Überlegungen ..."
7. „Sie können sich davon überzeugen ..."
8. „Trotz der großen Nachfrage können wir bereits ..."
9. „Entschuldigen Sie bitte ..."
10. „Sie haben den Vorteil, dass ..." oder „Sie erzielen damit ..."
11. „Bitte berücksichtigen Sie, dass ..."
12. „Was halten Sie von ...?"
13. „Das wäre möglich, wenn ..."
14. „Es wird für Sie von Interesse sein, ..."

Exkurs: Time-Management – 30 Zeitfallen

Wenn es Ihnen gelingt, die 30 häufigsten Zeitfallen zu vermeiden, haben Sie mehr Zeit. Es gibt zwei grundsätzliche Möglichkeiten, um Zeitfallen zu entgehen: Sie arbeiten weniger, das heißt, Sie delegieren mehr.

Oder: Sie arbeiten schneller und sparen damit ebenfalls Zeit. Nachfolgend eine Checkliste, damit Sie in Zukunft Ihre Zeit noch effizienter gestalten.

Checkliste: 30 Fragen zur Zeit – 30 Zeitfallen

Lfd. Nr.		Ja	Nein
1.	Haben Sie klare Zielvorstellungen, was Sie erreichen wollen? **Vorschlag:** Stellen Sie einen Zielkatalog auf über das, was Sie – täglich erreichen wollen, – zusätzlich erreichen möchten. Machen Sie einen Wochen-Zielplan und Monats-Zielplan, um Ihre Zeit effizienter zu gestalten.	☐	☐
2.	Führen Sie eine Prioritätenliste? **Vorschlag:** Innerhalb des unter 1. genannten Zielkatalogs erstellen Sie wiederum eine tägliche Reihenfolge Ihrer Aufgaben – am besten am Abend zuvor.	☐	☐
3.	Haben Sie mindestens eine Stunde pro Tag, die Sie zur kreativen Arbeit nutzen können? **Vorschlag:** Nutzen Sie die telefonfreie Stunde (siehe Punkt 16) und die bei vielen Managern kreativen Morgenstunden.	☐	☐

Lfd. Nr.		Ja	Nein
4.	Schätzen Sie Ihre Zeit realistisch ein? **Vorschlag:** Machen Sie einmal einen Test: Versuchen Sie, einen Tag während der Woche und auch einen Tag am Wochenende ohne Uhr auszukommen. Sie werden erstaunt sein, wie falsch wir unsere eigene Zeit einschätzen. Versuchen Sie, alle Stunde einmal die Uhrzeit zu schätzen. Sie werden überrascht sein. Benutzen Sie die Stoppuhr auch einmal bei der täglichen (nicht delegierten) Routinearbeit. Sie werden selbst feststellen, wie Ihre Zeiteinschätzung von der tatsächlich benötigten Zeit differiert.	☐	☐
5.	Geben Sie Ihren Mitarbeitern eine Chance? **Vorschlag:** Prüfen Sie einmal Ihre Mitarbeiter auf ihre Qualitäten und auf ihr Programm (Stellenbeschreibungen können hier eine Hilfe sein). Sie bekommen zufriedene Mitarbeiter … und mehr Zeit zu Ihrer eigenen Verfügung.	☐	☐
6.	Delegieren Sie Routinearbeiten? **Vorschlag:** Genaue Überprüfung Ihres täglichen Arbeitsablaufs. Welche Arbeiten können Sie durch die zuständigen Mitarbeiter ausführen lassen?	☐	☐

Lfd. Nr.		Ja	Nein
7.	Können Sie Detailarbeiten delegieren? **Vorschlag:** Es gibt auch Einzelarbeiten, die nicht unbedingt durch Sie erfolgen müssen. Lassen Sie sich zum Beispiel Telefongespräche grundsätzlich vermitteln. Die Aktenablage gehört ebenfalls nicht in Ihr Büro. Die Delegation – aber nicht nur der Aufgaben und Kompetenzen, sondern auch die Erweiterung des Verantwortungsbereiches – wird ebenfalls zur Motivation der Mitarbeiter beitragen.	☐	☐
8.	Haben Sie nicht nur Aufgaben und Kompetenzen, sondern auch die damit verbundene Verantwortung delegiert? **Vorschlag:** Nur wenn Sie die Verantwortung ebenfalls delegieren, können Sie sichergehen, dass die übertragene Tätigkeit zu Ihrer Zufriedenheit ausgeführt wird.	☐	☐
9.	Leben Sie mit dem Delegationsprinzip? **Vorschlag:** Wenn Sie Aufgaben, Kompetenzen und Verantwortung delegieren, so halten Sie sich die Rückversicherer vom Leibe – Sie gewinnen damit viel Zeit.	☐	☐
10.	Haben Sie kurze Informationswege? **Vorschlag:** Über mehrere Stufen weitergeleitete Informationen sind meist ungenau und führen zu Informations- und Zeitverlusten. Überprüfen Sie Ihre Informationswege. Sollten sie mehrere Stufen durchlaufen, so wählen Sie öfter den schriftlichen Anweisungsweg.	☐	☐

Lfd. Nr.		Ja	Nein
11.	Können Sie auch einmal Nein sagen? **Vorschlag:** Sie müssen bereit sein, auch einmal zusätzliche Aufgaben und Verantwortung gegenüber den Vorgesetzten abzulehnen. Durch laufendes Nachgeben gegenüber Mitarbeitern müssen Sie nachträglich viel Zeit für Korrekturen verwenden. Deshalb: Ein klares Nein „in beide Richtungen" zum rechten Zeitpunkt erspart viel Zeit.	☐	☐
12.	Halten Sie selbst vorgegebene Termine ein? **Vorschlag:** Nur wenn Sie sich hier einer gewissen Disziplin unterwerfen, kann Ihre Zeitplanung besser werden. Pünktlichkeit ist ein weiteres Mittel zur Zeitersparnis. Fangen Sie noch heute damit an.	☐	☐
13.	Sind Sie auf Ausnahmesituationen eingestellt? **Vorschlag:** Machen Sie sich für bestimmte Notsituationen einen „Schlachtplan". Die Zeit, die hier verloren geht, bevor Sie eingreifen können, ist meist nicht mehr auf- und einzuholen. Auch ein gewisses Krisenmanagement erwartet man bei einer erfolgreichen Führungskraft.	☐	☐
14.	Verfassen Sie kurze – und nur wenige – interne Berichte? **Vorschlag:** Überprüfen Sie sofort Ihre internen Notizen und Protokolle. Sind sie überhaupt notwendig? Können Sie sie bestimmten Mitarbeitern überlassen – und – wenn sie überhaupt nötig sind, kürzer, knapper und präziser formulieren?	☐	☐

Lfd. Nr.		Ja	Nein
15.	Reagieren Sie möglichst ruhig und überlegt? **Vorschlag:** Spontane und impulsive Reaktionen kosten meist Zeit, sie dürfen nicht mit Dynamik verwechselt werden. Sehr oft sind die so getroffenen Maßnahmen nicht mehr ohne Weiteres rückgängig zu machen. Ein gewisses Maß an Selbstkontrolle ist ebenfalls notwendig, um Zeit zu gewinnen.	☐	☐
16.	Lassen Sie sich durch Telefongespräche unterbrechen und aus dem Arbeitsrhythmus werfen? **Vorschlag:** Prüfen Sie im Rahmen Ihres täglichen Arbeitsablaufs, zu welchen Zeiten Sie wenig Telefonanrufe empfangen. Ernennen Sie diese Stunde zur „telefonfreien Zeit". Haben Sie auch einmal geprüft, inwieweit Ihre Assistentin Ihnen (Routine-)Gespräche abnehmen kann?	☐	☐
17.	Wird Ihr Zeitplan fremdbestimmt? **Vorschlag:** Überprüfen Sie einmal, inwieweit Ihr Zeitplan überwiegend von Ihrem Assistenten oder Ihren Mitarbeitern bestimmt wird. Sollte dies überwiegend der Fall sein, so ist das sicher bedenklich. Ein Grund, um diese etwaige Zeitfalle (Sie stehen ja nicht mehr kritisch dem Zeitaufwand gegenüber) zu untersuchen.	☐	☐

Lfd. Nr.		Ja	Nein
18.	Werden Sie laufend von Ihren Mitarbeitern in Ihrem Büro besucht? **Vorschlag:** Richten Sie bestimmte „Bürozeiten" ein. So sehr es für Ihre Mitarbeiter motivierend wirkt, wenn Sie immer eine „offene Tür" haben, müssen Sie doch abwägen, inwieweit Sie Ihrer ursprünglich gestellten Aufgabe noch nachgehen können.	☐	☐
19.	Empfangen Sie täglich unangemeldete Besucher? **Vorschlag:** Hier müssen Sie klare Richtlinien ausgeben. Ausnahmen sind zwar bei wichtigen Kunden und anderen wichtigen Geschäftspartnern unumgänglich. Doch sollten diese nur die von Ihnen aufgestellte Regel bestätigen.	☐	☐
20.	Verlieren Sie viel Zeit durch Meetings? **Vorschlag:** Sind Ihre Konferenzen wirklich effizient und haben Sie (vorher) geprüft, ob diese überhaupt notwendig waren? Die „Konferenzeritis" ist eine weitverbreitete Zeitfalle und sollte gerade in Ihrem Unternehmen abgeschafft werden. Wer engagiert arbeitet, wird auch schneller seine Arbeit verrichten. Dies ist sehr oft der Schlüssel zur Lösung sämtlicher Probleme mit dem knappen Gut Zeit.	☐	☐
21.	Brauchen Sie mehr als eine Minute, bis Sie Ihren Gesprächspartner zu Wort kommen lassen? **Vorschlag:** Fassen Sie sich sofort kürzer, und geben Sie kurze und präzise Informationen und Anweisungen weiter.	☐	☐

Lfd. Nr.		Ja	Nein
22.	Sind Sie ein kreativer „Vielgeist“ und fangen vieles gleichzeitig an? **Vorschlag:** Oberster Grundsatz: Wichtige Tätigkeiten zu Ende bringen, bevor Sie eine neue Aufgabe angehen. Merke: Aufgaben benötigen so viel Zeit, wie man ihnen gibt.	☐	☐
23.	Ist Ihr Schreibtisch ein einziges Schlachtfeld? **Vorschlag:** Führen Sie eine bestimmte Ordnung ein. Die wichtigsten und ständig benötigten Tabellen und Übersichten müssen Sie jederzeit griffbereit haben. Prüfen Sie einmal, was Sie auf Ihrem Schreibtisch ablenken kann (Uhr, Bilder etc.). Durch optische Hilfsmittel (farbige Mappen, Klammem) finden Sie jeden Vorgang schneller.	☐	☐
24.	Verschieben Sie gern wichtige Angelegenheiten? **Vorschlag:** Wenn Sie eine Prioritätenliste (siehe Punkt 2) einführen, kann Ihnen das nicht passieren. Sie wissen genau, welche Arbeiten Sie jetzt erledigen müssen.	☐	☐
25.	Sprechen Sie sehr langsam? **Vorschlag:** Hier müssen Sie nicht unbedingt Ihre Mitarbeiter fragen, sondern bitten Sie eine Person um Auskunft, die Ihnen privat sehr nahe steht. Sie wird Ihnen sagen, wie es um Ihre Sprechtechnik bestellt ist. Auch hier werden Sie wiederum feststellen, dass zwischen Selbst- und Fremdeinschätzung Welten liegen.	☐	☐

Lfd. Nr.		Ja	Nein
	Sehr langsames und monotones Sprechen führt zu einer Ermüdung des Gesprächspartners. Sie brauchen mehr Zeit, um ihn von einer Sache zu überzeugen. Es ist zwischenzeitlich wissenschaftlich nachgewiesen, dass schnelleres Sprechen zu größeren Erfolgen, zum Beispiel im Verkauf, führt. Hüten Sie sich jedoch vor zu schnellem Sprechen!	☐	☐
26.	Sind Sie ein Perfektionist? **Vorschlag:** Perfektion weckt Aggression. Sehr oft ist es so, dass der große Aufwand, um ein gewisses Maß an Perfektion zu erreichen, in keinem Verhältnis zum Ertrag steht. Achten Sie darauf, das rechte Maß zu finden. Das andere Extrem ist allerdings mindestens genauso schlecht.	☐	☐
27.	Sind Sie sehr ungeduldig? **Vorschlag:** Hektik und Nervosität führen zu einem noch größeren Zeitaufwand. Bei ständiger Ungeduld müssen Sie lernen, sich zu entspannen. Autogenes Training und auch ein guter Wille allein können hier Wunder vollbringen.	☐	☐
28.	Lesen Sie alles? **Vorschlag:** Ein Schnell-Lese-Kurs schafft eine Steigerung der Leseleistung um 100 % und mehr. Noch besser: Konzentrieren Sie sich auf das Wesentliche. Es gibt bestimmte Zeitungen und Zeitschriften, die Sie nicht vermissen würden, wenn Sie nächste Woche vom Markt (von Ihrem Schreibtisch) verschwunden wären. Überprüfen Sie Ihre Manager-Lektüre unter diesem Gesichtspunkt.	☐	☐

Lfd. Nr.		Ja	Nein
29.	Sind Sie Fachmann auf allen Gebieten? **Vorschlag:** Versuchen Sie es gar nicht erst. Ziehen Sie Spezialisten zurate, und konzentrieren Sie sich ganz auf Ihre Managementaufgabe. Ihre Mitarbeiter werden es Ihnen danken … Sie gewinnen Zeit.	□	□
30.	Haben Sie eine negative Einstellung zu Ihrer Arbeit? **Vorschlag:** Nur eine grundsätzlich positive Einstellung zu Ihrer jetzigen Tätigkeit hilft Ihnen weiter.	□	□

Wenn Sie nach gründlicher Überprüfung die Fragen 1 bis 15 mit einem klaren „Ja" und die Fragen 16 bis 30 mit einem klaren „Nein" beantworten können, dann herzlichen Glückwunsch: Sie können mit Ihrer Zeit wahrlich gut umgehen!

Literaturverzeichnis

Baum, Tanja, Die Kunst, sich freundlich durchzusetzen, Frankfurt/Wien 2003

Büchmann, Georg, Geflügelte Worte, 39. Aufl., Frankfurt/Berlin/Wien 1995

Correll, Werner, Motivation und Überzeugung in Führung und Verkauf, 11. Aufl., Landsberg 2000

Enkelmann, Nikolaus B., Rhetorik Klassik, 2. Aufl., Offenbach 1999

Etrillard, Stephane, Gekonnt gekontert, 1. Aufl., Hamburg 2004

Fairhurst, Gail T./Sarr, Robert A., Die Kunst, durch Sprache zu führen, Regensburg, Düsseldorf 1999

Fichtl, Gisela, Der ZitateGuide, Planegg 2001

Goldmann, Heinz, Überzeugende Kommunikation, 5. Aufl., Frankfurt 2004

Heymann, Richard, Warum haben Sie das nicht gleich gesagt?, Zürich 1998

Hofmeister, Roman, Das neue Handbuch Rhetorik, Weyarn 1999

Kirkpatrick, Donald L., Konferenz mit Effizienz, Zürich und Wiesbaden 1989

Knaurs großer Zitatenschatz, Area Verlag GmbH, Erftstadt/Dresden 2004

Lay, Rupert, Dialektik für Manager, 4. Aufl., Berlin 2003

Martin, Günter, Powerpräsentation mit Powerpoint, Offenbach 2004

Mentzel, Wolfgang, Rhetorik, Planegg 2000

Müller, Helmut, Gesprächstraining, Zürich 1997

Neumann, Jörg, Ihr Auftritt zum Erfolg, Zürich 2004

Neumann, Reiner, Schlagfertig reagieren im Job, Landsberg/Lech 2001

Nöllke, Matthias, Reden aus dem Stand, München 2015

Nöllke, Matthias, Starke Worte – Einfach eine gute Rede halten, München 2015

Pöhm, Matthias, Nicht auf den Mund gefallen, 3. Aufl., Landsberg 1999

Puntsch, Eberhard, Zitatenhandbuch, 14. Aufl., München 1997

Der Reden-Berater, Bonn 2004

Rückle, Horst, Körpersprache für Manager, Landsberg/Lech 1998

Ruede-Wissmann, Wolf, Satanische Verhandlungskunst, 6. Aufl., München 2003

Ruhleder, R. H.,

- Rhetorik von A–Z, Die Fibel, 2. Aufl., Bonn 1998
- Rhetorik – Kinesik – Dialektik, 14. Aufl., Bonn 2000
- Einfach besser verkaufen, 3. Aufl., München 2001
- Vortragen und Präsentieren, 6. Aufl., Würzburg 2001
- Ruhleders Sprüche und Zitate, 8. Aufl., Offenbach 2004

Schaller, Beat, Die Macht der Kommunikation, München 2001

Schmid-Egger, Christian/Krüll, Caroline, Körpersprache – Das Trainingsbuch, München, 2. Aufl. 2014

Schott, Barbara, Verhandeln, Planegg 2000

Tiggeler, Nicola, Mit Stimme zum Erfolg, München 2016

Vogel, Ingo, So reden Sie sich an die Spitze, 5. Aufl., München 2001

Wilhelm, Thomas/Edmüller, Andreas, Überzeugen, Planegg 2003

Wirth, Arnold, Take-off zum Erfolg, Idsteiner 2003

Wirth, Bernhard R., Menschenkenntnis, Charakterkunde und Körpersprache wissen wollen, Frankfurt 2003

Stichwortverzeichnis